猴 面 包 树

有迹可循的幸运

[韩]金度润—著　甘健—译

Lucky

浙江教育出版社·杭州

图书在版编目(CIP)数据

有迹可循的幸运 /(韩)金度润著;甘健译. -- 杭州:浙江教育出版社,2023.10
ISBN 978-7-5722-6503-7

Ⅰ.①有… Ⅱ.①金…②甘… Ⅲ.①成功心理-通俗读物 Ⅳ.①B848.4-49

中国国家版本馆CIP数据核字(2023)第168487号

引进版图书合同登记号 浙江省版权局图字:11-2023-312

럭키
(LUCKY)
by Kim Doyun
Copyright © 2021 by Kim Doyun
All rights reserved.

No part of this book may be used or reproduced in any manner
whatever without written permission except in the case of brief quotations
embodied in critical articles or reviews.

Original Korean edition published by bookromance
Simplified Chinese character edition is published
by arrangement with bookromance
through BC Agency, Seoul & Japan Creative Agency, Tokyo

有迹可循的幸运
YOUJIKEXUN DE XINGYUN

[韩]金度润 著 甘健 译

责任编辑	王晨儿	责任校对	余理阳
美术编辑	韩 波	责任印务	曹雨辰

出版发行	浙江教育出版社(杭州市天目山路40号 邮编:310013)
印 刷	北京盛通印刷股份有限公司
开 本	880mm×1230mm 1/32
印 张	6.125
字 数	140 000
版 次	2023年10月第1版
印 次	2023年10月第1次印刷
标准书号	ISBN 978-7-5722-6503-7
定 价	49.00元

如发现印、装质量问题,请与印刷厂联系调换。联系电话:15901363985

好书推荐

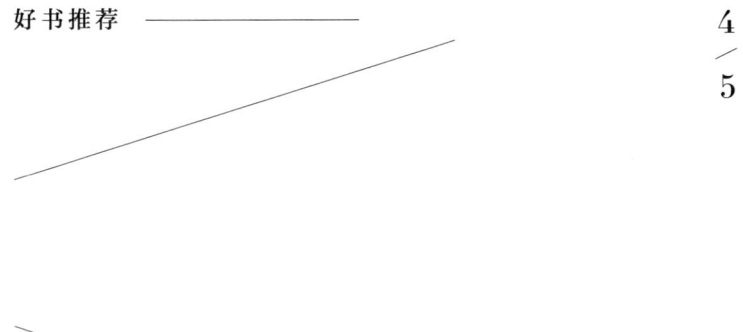

这本书最能引起我共鸣的是，只相信运气的人和干脆不相信运气的人都一样傲慢。同样，作为一个比任何人都明白"运气威力"之人，我在无数瞬间均不禁感慨"好运在前，要常心怀谦逊与感谢"。你的体内亦存有令人惊叹的好运。你若是想把那些好运挖掘出来并加以充分利用，相信你能在这本书中找到答案。

——陈康 | 爱斯普乐投资咨询有限公司会长

就我个人而言，等这本书出版等得太久了。15 年来，由始至终关注金作家的我，一直期盼这本书的问世，书中讲述了金作家从一无所有，确切地说是从"负"开始奋斗至今的逆袭故事。正是他如此苦心打磨，才使得书中的故事并非虚无缥缈、纸上谈兵，而是饱含他的赤诚之心。无论你如今身在何处，做着何事，这本书一定能成为告诉你该走哪条路、该做什么事的"好导师"。

——职业投资人　金钟峰 | 皇家俱乐部代表

好书推荐

许多人看着身为"穷二代"的我30岁出头就实现了财务自由，最常说的一句话就是"运气好"。每当有人这么说，我心里都会为说话人感到惋惜。因为我也曾在看到成功人士时，认为他们是拥有了与生俱来的优越基因和环境才会那么走运。"运气"分为"无法改变的"和"可改变的"两种，成功者懂得两者的区别。一旦懂得两者的区别，你便能走上实现财务自由之捷径。本书就有这种作用，并告诉你掌握"自主设定运气"的诀窍。

——生活黑客·自青[1]　宋明进｜伊桑汉营销公司代表

这一年来，接二连三发生在我身上的事情，除了可以用"运气"来解释外，别无他法。我只是每一天都在努力做事、坚定不移地沿着自己的路走下去，但某些事情突然就变得无比顺畅起来。"好运"如偶然般从天而降。然而，与之同行的，必定有"准备"这一鲜明纽带。我个人十分欣赏的金作家所写的这本书，书中讲述的亦是我所说的运气与成功之间的纽带。在书中，金作家与众多成功人士的故事丰富多样、生动有趣，使人受益匪浅。书中的文字就如待

---

[1] 生活黑客源于英语"Life Hacker"；自青的意思是"自己白手起家的成功青年"。"生活黑客·自青"指的是掌握了快速成功之法，进而一跃成为"白手起家的成功青年"。

人亲切的金作家那般,极富亲和力且通俗易懂。无论是谁,都会遇到"好运上身"之时,那就请你与这本书一同来迎接即将发生的好运吧!

——严胜焕 | eBEST 投资证券理事

虽说好运与机遇会降临在有准备的人身上,可到底该做怎样的准备、究竟怎么做才能让运气变好?具体的方法可曾有人告知过你?金作家所指的"运气"并非"幸运",他将其定义为"幸运钥匙",给人们带来了打开"幸运"之门的七把钥匙。耗时 10 年、采访过 1000 余名成功人士的金作家,洞察力着实令人赞叹。愿此书让一直都认为好运人生均属于他人的你,也能把"幸运钥匙"紧握在手中。

——俞秀珍 | Rubystone 代表

唯有采访过无数人的金作家才能写出如此"幸运"的故事!仅阅读此书中所提到的各类成功人士的故事,就能得到自我激励。儿时曾胆小如鼠的我,便是通过阅读众多好书才得以蜕变重生的,此书也必定能使你焕然新生。倘若你亦有期待之物,就请尽情向藏于自己体内的"好运"发起挑战吧!

——李秀珍　牙科医生 | 韩国优露牙科代表院长[1]

我也曾相信,一切都是我凭自己的真才实干得以实现的。不过,就最终成就而言,关键还得靠运气。然而,"幸运"绝不会降临到毫无准备的人身上。作为资深访谈者的金作家,在与无数人的相遇中竟产生了与我同样的感触!金作家克服逆境创造奇迹成长为连那些科班出身的主持人都甘拜下风的优秀资深访谈者。在这本书中,蕴藏着决定人生是被好运填满还是被厄运充斥的、如宝石般珍贵的"秘诀",我将来也要让我的孩子读一读!

——赵修彬　播音员 |《KBS 9点新闻》[2] 前主播

其实,关于运气的书籍已数不胜数,问题在于实践。因为不管读了多少书、积累了多少知识,如果不能把它应用于自己的现实生活中,也只是在做无用功而已,这也是我为何要通过自创的"相吸

---

[1] 韩国私立医院的院长可能不止一人,院长们各司其职。"代表院长"指的是统管医院事务的院长。——译者注

[2] KBS是韩国放送公社的简称,是韩国国有电视台。——译者注

法则"来与人沟通。这样的我，遇到这本书，一读便领会其意。专属于我的"相吸法则"受到了这本书的吸引——这本包含一个又一个"成功实践指南"的书，必能给我带来更大的"幸运"。

——崔·凯利 | 凯利热食店会长

经济学家高调宣称自己经历了复杂的分析过程，得出了正确的结论。实际上，他们的成就中有相当一部分来自运气。看似领域不同，情况就真的另当别论了吗？然而，即便运气的成分确实存在，但不愿发起挑战的人只能一无所获。为了让"幸运"在你的身上降临，首先你要积极行动起来。诚然，一开始犯错在所难免，可值得欣慰的是，现在你的身边有了金作家的这本书做"导师"，相信你停留在错误上的时间较之以前会短得多。

——洪椿旭　经济学家 | EAR 研究代表

序言 ────── Preface

✧ 那些说
　 运气好的人

　　我30岁大学毕业，是从首尔开始我的职场生涯的。虽说我的年纪比别人大，也并非名牌大学出身，但自我发展的需求却极其强烈，每天都在冥思苦想——怎样才能让自己更快地实现自我提升。我也曾想过创业、拿硕士和博士学位、考职业资格证等提升方法，可又仔细一想，起跑原本就晚于别人的我，要是再用跟他们一模一样的方法来优化自己，仍会一直跟不上节奏。我需要的是，他人无法精通的、专属我一人的"快车道"。

　　经过一番"天人交战"之后，我得到的结论便是"人"。一个人要想成功，首先是不是该见见那些成功人士？其实，若是我们都能活两世的话，下一世肯定比现世活得更精彩纷呈。因为一切都经历过了，知道什么好，什么不好，必能做出更好的抉择。当然，我们谁都无法活两世，可至少能先见见那些有故事的人，听听那些已走过自己想走之路的人所经历的故事。难道还会有比他们的故事对我们更具启发意义的人生导航仪吗？

　　由此出发，从2011年起，我开始对成功人士进行面对面采访，

序　言 ———————— Preface

并且一直专注地做这一件事。一开始,作为一个30岁出头的青年,我是抱着学习的心态去访谈的;过了一段时间后,怀揣着想把访谈内容整理为文字并出书的心态去采访;现在,则是抱着要把访谈变成好的影像资料的心态在做。在10年的岁月里,我面对面采访过大企业的首席执行官、国会议员、政府官员、"超级蚂蚁"投资者、奥运会冠军、顶级视频创作者……共计1000余人。

并非所有的相遇都是美好的,也并非所有的人都是优秀的。然而,正是所有的相遇让我获益匪浅。有些人给予我洞察力,有些人则以不光鲜的外表让我汲取了教训。通过他们,我懂得了如何度过一生,懂得了人生的意义。同时在这一过程中,我也找到了最真实的自己。

每当与这1000余名年龄不同、性别不同、职业也不同的成功人士面对面时,我总会问他们同一个问题。

"您是如何取得成功的?"

而他们却像早已约定好一般,给出了完全相同的答案。

"多亏运气好。"

这一俗套的回答,刚开始的确让人无语。这不过是成功人士在个人著作、演讲中的一致说辞罢了。我也认为这只是句客套话,用书面语来表达,即"自谦之词",此外并无任何意义。然而,当访谈做得越来越多时,我发现这句话的分量在逐渐加重。

为什么就他们运气好?他们是什么时候、在哪儿遇到了好运?他们做了什么才遇到好运的?他们又是怎样把好运为己所用的?

与此同时,我还冒出了一种想法:"为什么我们就没这种运气?"

在我每天都沉浸于思考"运气好"这句话背后所隐藏的意义时,终于在某一天打车回家的路上,我找到了解惑的切入点。那时,对于我随口而出的提问,司机的回答唤醒了我尘封已久的记忆。

"师傅,到现在为止,您觉得自己走过的人生路怎么样啊?"

"因为运气不好,人生很不如意。"

在我听到这个回答的一瞬间,如同被雷击中般震撼。这句话也是40岁失业、从此开始做出租车司机的父亲经常跟我说的话。

"人生不如意,就是没运气。"

谈到运气时,为什么成功者常用"多亏"这一词语形容,未能成功者常用"因为……"来表达呢?如果说在我们的人生中,成功不单靠个人奋斗的话,只有成功人士才能遇见好运吗?既然有"人生中会有三次机会来临"这种说法,那我们真的连一次遇上好运的机会都没有吗?或是好运已经到来,我们却错过了?试想,假使我们都能拥有一次好运上门的机会,该如何去抓住它?

序 言 —————— Preface

对理财稍感兴趣的人,都清楚复利的威力。复利,顾名思义,就是"利滚利",投资时间越长,本息就会以几何级数增长。与单利相比,它能让人获得巨大收益。然而,仅投资界才有复利这一说法吗?不是的,我们在人生中打造成功的钥匙时,也会出现复利。那就是——靠你自己一天一天积累而成的"幸运复利"。可能刚开始那个"幸运雪球"只是小小的一个,然而,随着日积月累,它会在不知不觉间变大,大到能改变整个人生。

有"幸运"之意的英语单词"Lucky"并非指单纯的运气。我们的行为方式能成为打开人生无数逆境之门的"幸运钥匙"。因此,在这本书中,我想把"幸运"称为"幸运钥匙"。我寻找到的、能创造"幸运"的七把钥匙分别是:人、观察、速度、日常、复盘、积极、尝试。就让我们一同来揭开创造成功、积累财富的"幸运钥匙"的秘诀吧!

14/15

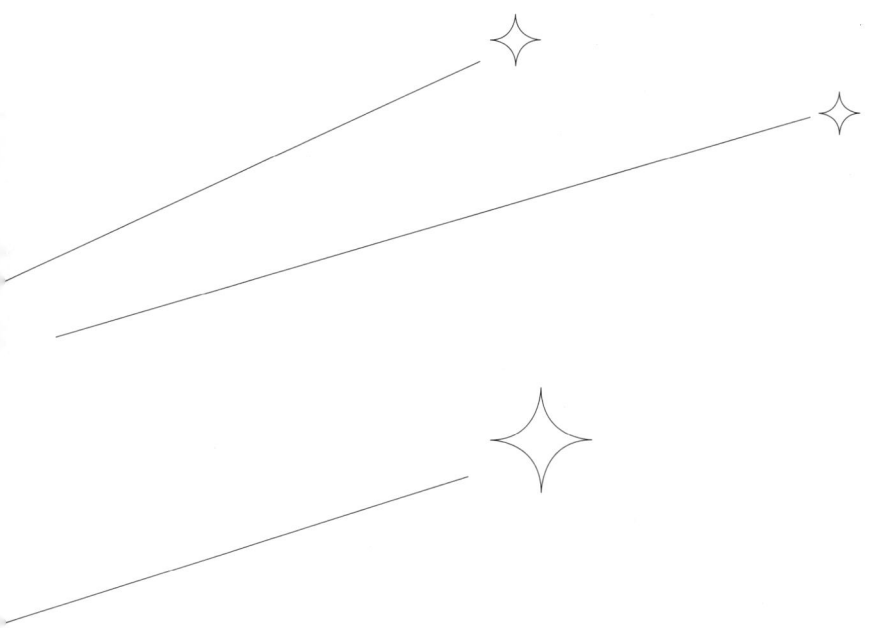

目 录

Contents

第一章 人 一切机会源于人

21 —— 与谁同行？
26 —— 若无夏尔巴人，则无法登顶
31 —— 若准备不足，则贵人难觅
36 —— 远离"常败将军"
40 —— 让我懂得"天外有天"之人
43 —— 时期不同，所需"良人"亦不同
46 —— 书中有"良人"

第二章 观察 能否读懂浪潮的走势？

51 —— 你的所见所闻，便有你的未来
54 —— 数据已知晓世界的变化
58 —— 瞬间之选择，汇流为你的运气
62 —— 四条好运之路
68 —— 能否让"时代福运"为你所用？

第三章 速度 如何不让"好运"碰壁？

75 —— 人生中速度与方向的相互关系
80 —— 兼程并进的结构化之力
86 —— 你需要的是长枪，还是盾牌？
90 —— 让世界站在你这边的说服力
96 —— 唯有跳出既定框架，才能看到真正的答案
100 —— 我们在说"运七技三"时所忽视的

第四章　日常　回归日常的命运之轮

- 107 —— 只增加机会数量，就只能原地踏步
- 111 —— 绳锯木断，水滴石穿
- 114 —— 失败不断则须改变"投入资本"
- 118 —— 你是否在竞争中有制胜的独门法宝？
- 121 —— 无须因运气不好而灰心失望
- 124 —— 突然"走红"之人背后所隐藏的

第五章　复盘　你是否在全方位审视自己？

- 133 —— 人生若可复盘
- 137 —— 他人言语中的你，即映照在镜中的自我
- 141 —— 你是说出激发自身"好运"之言的人吗？
- 144 —— 研究运气时所得的三种逆向思维
- 148 —— 幸运藏于不幸之中

第六章　积极　纵然身陷最凄惨的沟壑，依须坚守之物

- 155 —— 告别自卑心理与被害妄想症后所能得到的
- 160 —— 连最大的不幸都能战胜的力量
- 166 —— 挥别旧习，从容思考
- 169 —— "塞翁失马，焉知非福"和"尽人事，听天命"

第七章　尝试　创造好运的基本法则

- 177 —— 一切只不过是行动为先
- 180 —— 起点与终点一样重要
- 184 —— 不买彩票则无中奖的可能
- 187 —— 挑战者无所畏惧的秘密

- 191 ———— 尾声　犹如游刃有余的冲浪者，等待浪潮来袭
- 194 ———————— 致谢　致为我留出宝贵时间的每一位读者

第一章

人

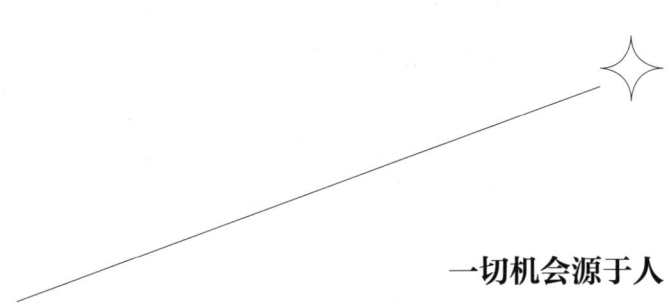

No.1

Lucky

一切机会源于人

如果说运气是你无法掌控的,
那运气从何而来?
漫漫人生路,你不会把付出的努力说成运气使然。
既然如此,运气究竟是"谁"带来的?
答案便隐藏于问题之中。
是"谁"?是"人"!
给你带来运气的,只会是"人"。

与谁同行？

人靠什么得以成长？古人云："三人行，必有我师焉。"此句出自《论语》，其意为：三个人同行，其中必定有人可以做我的老师。此话虽早已家喻户晓，但知晓其真正含义的人实则不多。它意在强调人与人之间的相遇是何等重要，用几则小故事来说明，读者更能领会其意。

1988年，美国总统里根访问莫斯科时，他与当地一少年握手的场面被相机记录了下来，巧的是，日后成为俄罗斯总统的青年普京也在那张照片中。据说，照片中那位胸前挂着照相机、伪装成游客的男子，便是当时身为苏联克格勃[1]特工的普京。虽然对于照片中的人是否真为普京，现在也众说纷纭，不过该照片的拍摄者，即里根总统的御用摄影师皮特·苏扎，在仔细研究了这张收藏于里根图书馆的照片之后，最终判定该男子就是普京。

韩国有1982年在釜山共同创办律师事务所并作为人权律师而积极奔走的两位公众人物，他们便是第16届总统卢武铉和第19届总统

---

[1] 克格勃全称为"苏联国家安全委员会"（The Committee of State Security，简称KGB），与美国中央情报局、英国军情六处和以色列摩萨德，并称为"世界四大情报机构"。——译者注

文在寅。抛开政治色彩，你可曾想过，在韩国5000万国民当中，有望成为总统的概率是多少？在自己认识的人中，能成为总统的概率又是多少？这种被称为天方夜谭的概率，之所以能成为现实，原因便在于人与人之间的相遇。

如此缘分亦存在于投资界。作为世界富豪之一的沃伦·巴菲特，也并非单凭一己之力就登上现在的高位。巴菲特的投资人生从认识伯克希尔·哈撒韦公司的副董事长查理·芒格开始，芒格给予巴菲特的影响是何等巨大。巴菲特曾以"芒格拓展了我的思维"来表达自己对他的崇敬。遇到芒格之前的巴菲特，仅是个通过低价购入股票来赚取差价、奉行"烟蒂式投资"[1]的投资人而已。然而，经过芒格的指点，他购入颇具升值空间的企业股票，并最终获得了"奥马哈先知"的美誉。如果没有遇到作为"一生同盟军"的芒格，巴菲特也许会走上一条与现在截然不同的道路。

在中国，有因一场偶然的相遇而一跃成为中国富商的人。那时，曾是英语老师兼导游的马云，在一次旅游中，做了雅虎公司创始人杨致远的向导。也正是那场相遇，才成就了总市值超过2000多亿美元的电子商务企业阿里巴巴。

韩国也有诸多类似的事例。韩国两大门户网站的创办人——NAVER的李海珍代表和DAUM（多音）的李在雄代表儿时就住在同

---

[1] "烟蒂式投资"的核心理念便是注重投资的安全边际——低价格、低市盈率、用三流的价钱买二流的公司、用四流的价钱买三流的公司，而对公司的品质以及所处的行业要求不高。——译者注

一小区。此外,李海珍代表和乐线韩国股份有限公司[1]的创始人金正宙代表在韩国科学技术院[2]读研期间,是同住一室的室友。更有趣的是,李海珍代表与Kakao集团[3]理事会前议长[4]金范洙更是同年入职三星SDS公司的同事。现如今,在韩国综合股价指数总市值中,NAVER排名第三,Kakao集团排名第四,这一切难道仅是因为单纯的偶然吗?

与此相反,亦存在遇人不淑而惨遭不幸的事例。在19世纪60年代,英国连环杀人犯伊恩·布雷迪和迈拉·欣德利是一对情侣,两人残忍杀害了5名10多岁的儿童。出生于苏格兰格拉斯哥贫民窟的布雷迪,幼年伊始就盗窃成性,并屡屡犯事,被执行缓刑或进少管所对他来说简直就是家常便饭。据说,他还有虐杀动物等施虐及暴力倾向。

反之,他的女友欣德利却是在充满爱的家庭中健康长大的。作为天主教徒,她有着虔诚的信仰,喜欢孩子和动物。然而,自从她在打工时遇到了布雷迪,两人发展成情侣后,她的生活便被彻底颠覆。她同意

---

1 韩国乐线股份有限公司是韩国电脑游戏公司,成立于1995年5月,总部设于韩国首尔,开发休闲类的网络游戏,主要的作品有《洛奇》《洛奇英雄传》《地下城与勇士》《跑跑卡丁车》《天翼之链》《枫之谷》《反恐精英Online》和《反恐精英Online2》等。——译者注

2 韩国科学技术院(Korea Advanced Institute of Science and Technology,简称KAIST)是韩国第一所技术大学,也是韩国最顶尖的理工类大学。在韩国获得较高的评价和业界认可度。

3 Kakao集团是韩国一家著名的互联网公司,主要产品为免费聊天软件Kakao Talk,类似于中国的微信。2021年,Kakao集团跻身为韩国五大企业之一。——译者注

4 韩国公司中的理事会议长相当于中国公司董事会中的最高决策者。——译者注

并参与了布雷迪所提出的杀人计划,最后竟沦为布雷迪的杀人帮凶。

以上所举的两个事例尽管较为极端,但有一点是可以肯定的。那就是你身边的人对你的影响比想象中还要大。有句俗语叫"跟着朋友去江南",意思是自己本来没有意愿,却效仿朋友的行为,人云亦云。如今并不吸烟的我,却在20岁出头抽了一段时间的烟,全因当时与我形影不离的好朋友烟不离手。

许多人在生活中可能都有过相似的经历。就像回想起小时候,妈妈经常教育我们要选择性交友一样,如今过了40年,我才发现这话真可谓金玉良言。

诚然,我们无法与有望成为总统或世界首富的人结为至交好友,但是否能把积极向上的人留在身边呢?只因连你都不知道谁会给你带来好运或厄运,所以我们大部分人一事无成。身边要有比你更优秀的"良人",你才能得到成长。然而,令人遗憾的是,在你的身边,只有跟你一类的芸芸众生。

环视身边之人

　　写下朋友圈中目前与你关系最好的七个人的名字,并写出通过他们,你受到何种触动并从中学到些什么。如果无特别的交友理由,写"因为情谊"即可。

　　※ 并非只能跟能使你得到自我提升的人交往,不过,假如朋友圈的构建基础仅靠"情谊"的话,那也是一个值得深思的问题。

序号	姓名	交友理由或可学习的闪光点
1		
2		
3		
4		
5		
6		
7		

若无夏尔巴人[1]，则无法登顶

当我们开始新工作时，常常因不知该如何下手而举步维艰。由于缺乏经验，犯错在所难免。然而，已经走过这条路的人，与现在的你所苦恼的其实相差无几。他们找出的答案，无论正确与否，肯定因人而异。那些答案对于现在的你来说，能指引你找到一条更为光明的道路，也许还会把你引向一条从未想象过的道路。这就是我在自己想要投身某一新领域时，要去拜访该领域的成功人士的原因。

以托业[2]考试为例。在学生时代，我们经常会看到托业考400分、500分的学生组成小组学习。与处境相似的人待在一起，可以互相激发学习斗志，减少孤军奋战的寂寞感。这种学习方法本身并没有问题，可从学习方法论的层面出发，冷静地进行剖析，这是不可取的。

托业考试是由有正确答案的问题构成的考试。它本身就不需要众

---

[1] 夏尔巴人藏语意为"来自东方的人"，散居在喜马拉雅山两侧，主要在尼泊尔定居，少数散居于中国、印度和不丹，语言为夏尔巴语，使用藏文。 每年攀登珠峰旺季时，最大的登山队就以"盟主"的身份召集各国队伍，出钱、出物，请夏尔巴人先行上山修"路"。——译者注

[2] 托业（Test of English for International Communication，简称TOEIC），中文译为国际交流英语考试，是针对在国际工作环境中使用英语交流的人制定的英语能力测评考试。

人讨论、集思广益来寻求解题方向，只需要在五个客观选项中找到一个正确答案。这种类型的考试，考 400 分、500 分的学生聚在一起，进行小组学习的意义何在？一群不知其解的学生聚在一起学习，不是在制造更多的错误答案吗？

因此，依靠这种学习方法的话，托业分数肯定不可能得到大幅度提高。假如你是考 400 分的学生，那就该跟托业考试考 800 分、900 分的同学一起学习。因为只有这样，你才能有所受益，并学到提高自己成绩的方法。不过，如果不是之前就认识的朋友，托业考 900 分的人一般不可能跟考 400 分的人一起学习，那我们就该去请教老师。如果把托业考试考 400 分的人聚在一起学习，所有人的成绩就只能一直在原地踏步。

实际上，不仅托业考试如此，在人生中遇到的诸多问题面前，我们的认知水平也没能跳出托业考 400 分时的思维圈子。有一次，我跟朋友一起喝酒，聊到房地产时，一个朋友说首尔房价持续上涨，想知道现在该不该买房子，购房到底有没有风险。另一个朋友斩钉截铁地说必须买，还有一个朋友笃定地说绝对不能买。我坐在旁边静静地听着，忽然觉得他们之间的对话，就跟托业学习小组如出一辙。当时在场的人都是房地产"小白"，有人说必须买，有人说绝对不能买，用的还都是毋庸置疑的语气。

还有一次，跟一群朋友一起吃饭，聊到电商的话题时，有个朋友说想在 Naver Smart Store[1] 上开网店，正纠结于该选择哪种单品来做最好。一个朋友说卖衣服好，另一个朋友说卖健身用品好，一时间，众说纷纭。其实那个场面也跟托业学习小组大同小异。当时在场的朋友全都不具备开网店的经验，甚至连网店创业的相关知识都不甚了解。

到此为止，我想讲什么已经很明显了。我们经常犯的错误就毫无二致地显现于这些具体的事例之中。我们总是在没有专家、过来人坐镇的情况下，提出一些不明所以的问题，并试图寻找答案。虽说向值得信赖的好友倾吐个人当下的内心情感，从而获得安慰或鼓励的交流方式是可取的，然而，如果为了解决某个问题才提问的话，问题的解答者所具备的专业知识和经验才是第一位的。因此，我把自己认识的房地产专家介绍给了那位纠结于买不买房的朋友，建议那位想开网店而愁眉不展的朋友看看网店运营的相关书籍、听听相关网络讲座。从咨询专家、潜心学习出发，才是正确的行事方法。

以现在写这本书的时间计算，我开通 YouTube 个人频道已经 3 年了。专注于以作家身份写作、以讲师身份演讲的我，在短短的 3 年时间里，我的个人频道订阅者竟达到了 180 万名，这其中必定有其理由。虽然跟每天坚持上传视频、力求与其他频道与众不同有关系，但最本质的原因却不在这儿。

在成为 YouTube 博主之前，我拜访了 23 名顶级 YouTube 博主。

---

1 Naver Smart Store 是韩国一个著名的跨境电商平台。——译者注

2019年，他们的个人频道订阅者总数就已经超过了1100万名，视频累计点击量有30亿次以上。我与他们见面时会向他们咨询策划、拍摄、编辑等方面的问题，感激之至的是，我获得了最佳答案，受益匪浅。诚然，我将听到的知识和诀窍为自身所用并融会贯通。我之所以一开始便能找准方向，得益于访谈。也正因如此，我的个人频道成长速度是一般人望尘莫及的。

若想成为博主，拜访该领域的顶级博主自在情理之中。通过发送电子邮件等方式跟他们建立联系，争取见一面是最好的，但即便不那么做，也可以大致掌握他们的制胜诀窍。因为他们制作出的最终成果，即视频的内容，就集中体现了他们的策划、拍摄和编辑等理念。只要打开手机，边看边仔细推敲这些视频，就能把握并分析出大部分诀窍。

假如有拍摄方面的疑问，则可以通过他们的视频，知道他们用的是哪种摄像器材、是怎样构思拍摄视频的。这些绝非难事，就好比我想要对某些拍摄器材进行升级，绝不会一个人去苦思冥想。我会观看比自己做得好的视频；进他们的 Instagram[1]，去确认他们用的是哪种摄像器材、哪种扩音器。说实话，现在的这个世界实在是太美好了。虽然仍存在一些信息不对称的问题，但只需稍作努力，就可轻而易举地获取到自己想要的信息。这一切得益于智能手机。只要打开智能手机，便能接触各种信息。而我们则应好好利用这些工具，将走在我们前面的人视为榜

---

[1] Instagram 是 Facebook 公司旗下的一款运行在移动端上的社交应用软件，以一种快速、美妙和有趣的方式将你随时抓拍下的图片彼此分享。——编者注

样,多向他们学习取经。

人类征服世界最高峰珠穆朗玛峰,并非仅靠梦想与挑战,还应归功于散居在那里、极好地适应寒冷气候和高海拔生活环境的夏尔巴人。约在500年前,夏尔巴人从西藏移居到了尼泊尔山区。他们长期居住于喜马拉雅山的高山地带,故而对高海拔环境的适应能力极强。1953年,埃德蒙·希拉里首次登顶珠峰时,身边就有夏尔巴人向导丹增·诺盖。直到现在,夏尔巴人仍是珠峰攀登者的向导,是攀登珠峰者不可或缺的登山协作人,他们还被称为"喜马拉雅山上的挑夫"。

如同喜马拉雅登山队离不开夏尔巴人一样,我们的人生同样也需要"夏尔巴人"。我们的人生或许会比珠穆朗玛峰更寒冷、更艰险。请大家不要忘记:即使经历过艰难险阻的优秀攀登者,也离不开夏尔巴人的协作。因此,你也应该思索在自己的人生中,是否有带你登顶之人,若是没有,则须努力寻觅。

需注意的一点是:不要去羡慕成功者的果实,而要学习他们那种为了创作出优秀作品,挥洒汗水的精神。同时,也请千万不要忘记其间最关键的——学会如何把他人之物为己所用。

若准备不足，则贵人难觅

前面已提到过，攀登者为了登顶珠峰，身边需要有夏尔巴人。问题在于，为了见到夏尔巴人，攀登者得先攀登到某一高度才行。越是成功的人，越不会轻易留出自己的时间。我认识的一位企业家曾说过如下一席话：

"人们总想不费吹灰之力就能见到成功人士，一开始就头脑发热地说'请教教我这个''请收我为徒'之类的话。你以为如此盲目地鼓起勇气，就能见到自己想见的人吗？想接近他们也不应该这么做，而应该付出一定的努力，想方设法地爬上能与那些成功人士并肩的位置。随后，在面对面的那一刻，创造能拉近彼此距离的机会才为正解。要想与成功人士相遇，首先自己就得站到某一位置上去。

"如果有人给您发电子邮件，邮件里说'请您跟我见一面'，您会答应吗？想成为'金作家TV'[1]的嘉宾，就都能来当嘉宾吗？道理是一样的，要想见某位成功人士的话，至少要站得足够高。即便有中间人牵线搭桥，自己也要做好准备。想通过金作家您见到'超级蚂蚁'的人不在

---

[1] "金作家TV"是本书作者在YouTube运营的个人频道名称。——译者注

少数，可如果个人是对股票一无所知的零起点者，就算您有心帮，他也是无法与那些大人物畅聊的。即使不处于同一水平，但至少在同坐一席时，要有话聊才行。

"现在我们已经成年，不再是中学生，故而不会像学生时代那样因'他是我朋友'一句话，便会不假思索地与相遇之人相谈甚欢。因此，假使无任何准备，不管自己有多想见到某领域的成功人士，这一愿望终究无法实现。你想拜访大企业的会长也好，著名政客也好，就算想方设法地请中间人为自己牵线搭桥，但如果对这些成功人士来说，你拜见他们并无具体有益的事，他们恐怕也不会那么轻易地答应。"

正如这位企业家所说，成功人士不是随随便便就能偶遇到的。具有讽刺意味的是，若想与成功人士相遇，自己的力量必须达到某种高度。躺在屋子里的某个角落是遇不到夏尔巴人的。若想与夏尔巴人相遇，你必须先攀登到喜马拉雅山的高山地带。当然，我们不必跟想见的人处于同一水平，可至少，要使自己拥有能在某种程度上与之进行沟通的实力，这样才能赢得机会。更为重要的一点是，我们自身也应拥有一些值得成功人士欣赏的闪光点。若你所拥有的闪光点正好能与他／她所缺失的互相补充，那么，你们两人之间便能建立起长久、稳固的关系。若你既无实力，又无法给予对方任何帮助，就算偶遇成功人士，除了在社交平台上晒晒合照以外，就再无可做的了。

毋庸置疑的是，充实自身实力的时候要接触形形色色的人。其原因在于与人交往是一件需要训练的事。因从事价值投资而名声大振的AEON投资公司的朴胜进代表曾给我讲了他的经历。

"我刚开始从事投资的前三四年,什么事都亲力亲为。我性格内向,不太合群。然而,在某一瞬间,我幡然醒悟:不能再这样下去了,我应该改变这种性格,不然我将永无翻身之日。因此,我有意安排了一些交际活动。不过,若想与人交际,得先让别人知道我是谁,结果我连自身名气都没能打响。原以为'只要自己有实力,就会有人主动找上门来',结果这只是我自命不凡罢了。

"按兵不动地等着好运降临,就等于是'卧柿子树下,望柿子落'[1]。于是,我决定转变想法,先改变自己。为了提高自己的知名度,我开始写文章、翻译书籍,甚至参加各种聚会,让自己试着与人和睦相处。就这样,经过一点一点地努力,我试着先见一个人,再是两个人,然后是四个人,最终成就了现在的我。"

所谓的好运,并不是你默默等待就会自然而然降临的,而是需要你主动去寻找。同时,好运往往是由人带来的。诚然,在你所交往的十个人中,可能只有一两个人能给予你工作上的帮助,其他人或许只是点头之交,最坏的情况就是这些人中还混杂着骗子。尽管如此,只有与人交往,才能在十个人中发现一个"良人",一百个人中发现十个"良人"。此外,你交往的人越多,自己看人的眼光就会变得越精准起来,交往人群也会发生改变,进而距离成功会越来越近。最后,所有的成功均源于与你相遇之人。

---

[1] "卧柿子树下,望柿子落"是韩国俗语,常用来比喻企图不经过努力而获得成功的侥幸心理。与汉语成语"守株待兔"同义。——译者注

被称为"韩国巴菲特"、运营三兆韩元资产的博域咨询服务有限公司的崔俊哲代表,也是因为遇到能带给自己好运的"良人",从而有了一个好的开始。

他说:"在2000年初期,创办投资咨询公司对我来说简直是天方夜谭。要想获得公司经营许可至少需要准备数十亿韩元。那时,有两位会长对我说'怎么不行?做不就行了'。他们两位给予我物质和精神上的双重支持。没有他们的话,创办投资咨询公司会极为不易。他俩也许是认可我们公司的发展前景和潜力,但最重要的是,当时的我疯狂地迷上了股票,所以他们两位相信我'怎么搞都能搞出点名堂来'。"

走在漫漫人生路上,我们需要付出许多努力。然而,那些努力却以"点"的形式,散落在稍远的位置。而能将那些"点"连接起来的便是人。当这些分散的"点"被连成线时,成功之门不就打开了吗?与那些能"连点成线"的人相遇,不就是真正的幸运吗?大家是否正努力创造着这一蝴蝶效应呢?与此同时,能将那些"点"连接起来的"良人",是否就在自己的身边呢?

幸运笔记

寻觅助你成长的夏尔巴人

- 现在的你为了实现自我成长,应该与谁见面?
- 为什么会想见那个人? 要是能见到,你能从他/她那儿学到什么?

序号	姓名	从他/她那儿可以学到的东西
1		
2		
3		
4		
5		
6		
7		

远离"常败将军"

我们身边有被好运环绕之人或被厄运附身之人。那么,被厄运附身之人是何许人也呢?自开始访谈以来听到的故事中,有一个必须切断某些人际关系的故事让我感触最深,在此与大家分享。

问题1:必须远离怎样的人?

我认为是那些"常败将军"——无法得到成长、长时间原地踏步的人。他们不但早已是一潭死水,心灵也早就被腐蚀。本来我也认为不应对失败者心存偏见,这才是更为合理的待人接物的方式。我毕业于美国名牌大学,曾在硅谷工作,通过自身所处的社交圈,我就能与人们常说的那种高学历人士一同共事。然而,我觉得即便是成为"Underdog"(特指体育比赛中处于劣势或赛前不被看好的队伍和选手)也无所谓,只要自己能在工作中收获快乐就好。现在才知道那只是我个人的偏见。

迄今为止,在工作的过程中,我最大的感触便是困于失败境地和停滞不前的人都是有理由的,他们自己无法摆脱那种处境。创业10年后,他们不是仍旧一事无成吗?我们不能跟那类人一起共事。阿里巴巴集团主要创始人马云曾说:"世界上最难伺候的人是固执于'穷人思维'

者。"[1] 所谓的"穷"并不是指当下没钱、不是拥有多少财富,而是缺乏能创造出可能性的思维广度。思维闭塞、不善于倾听的人,从一开始便自行阻断了好运到来之路。

问题 2：这类人有什么特征?

"常败将军"根本不认可他人的成功,因为这不被他们所谓的自尊心允许。他们把自身无法发展壮大的原因归咎于外部因素。对于自身失败的原因,他们构筑出无数自圆其说的说辞。因此,他们认为别人注定会一败涂地,但实际上,做得好的大有人在,只不过是他们自己厌恶那些人而已。嫉妒蒙蔽了他们的双眼,跟带有这种心态的人共处绝非明智之举。当领悟这一事实后,我有了一个自己的待人标准：可以结交好胜心强的人,也可以结交成功和失败经历不多却充满热情的人,但绝不接受已陷入失败并将其归咎于他人或世界之人。

问题 3：即便是被失败所困,仍为"良人"的,是哪类人?

他们是那些从个人的失败来客观评价自己,并从中汲取教训的人。这类人是有发展前途的。他们不是因为缺乏自尊心而承认自己的失败,而是因为渴望真正的成功,才承认失败的。只有从失败中汲取教训,在下一次的挑战中才不会再犯同样的错误。对于他们来说,当下别人怎

---

[1] 马云在谈及"穷人和富人的思维差别"时曾说："穷人是最难伺候的人,因为那些始终无法摆脱贫穷的人,大多有着固执的'穷人思维'。"——译者注

看他们并不重要,重要的是自身能得到实质性的提升。因而,承认自己的失误,并从中汲取教训,最终才能创造出更优秀的成果。

问题 4：录用人才时,有特别看重的部分吗?
选人时,我十分看重这个人是否具有"理智诚实"这一重要素养。具有这一素养的人渴望得到自我成长。对自己认知不清,总是否认自己尚有不足的人,是没有自我发展需求的。诚实地承认自己的不足,是为了更好地弥补短处,因此应位列首位。不必担心对方如果知道了自己不懂,就会藐视自己,最重要的是要把"未知"变为"熟知"。这样的人才能迅速成长起来。

正如马云所言,具有"穷人思维"者受困于自我一方小小天地。而你又是怎样的人呢?

幸运笔记

辨识你必须远离之人

● 在你的身边，有打击你的自尊心、妨碍你成长的人吗？如果有，请写下他/她名字的首字母，并写出选择他/她的理由。

※ 大部分人际关系都源于一场偶遇。然而，引导人际关系走向的却是你自己的选择。

序号	姓名首字母	必须远离的理由
1		
2		
3		
4		
5		
6		
7		

让我懂得"天外有天"之人

2021年,我年薪的总和,即劳动所得(YouTube收益、版税、演讲费)和投资所得加起来,已进入韩国"前1%的劳动收入者"[1]行列。诚然,进入前1%的秘诀不胜枚举,但如果只能选择一个的话,那就是我亲眼见到了一番新天地。

与其他博主不同,我开通YouTube个人频道,是为了写《YouTube的年轻富人们》一书。当时,我一共深入采访了23位分布于儿童、理财、娱乐、ASMR[2]等各个领域的顶级原创博主。那些采访与常见的新闻媒体的采访截然不同。仅从收益层面来看,对于赚多少钱,我并非笼统地一笔带过,而是可以亲自确认具体数目。其中有一位博主,在2015年7月赚了14万韩元、2016年7月赚了214万韩元、

---

1 凡在韩国获得工资收入的劳动者(包括外籍劳动者)每年须在2月底前完成个人所得税汇算清缴。据韩国统计厅发布的2020年个人所得税汇算清缴统计结果,国家前1%的劳动收入者的平均年薪为2.704亿韩元,月平均工资为2253万韩元。——译者注

2 ASMR(Autonomous Sensory Meridian Response),自发性知觉经络反应,是一个用于描述感知现象的词。其特征是:视觉、听觉、触觉、嗅觉等感知上的刺激,使人在颅内、头皮、背部或身体其他范围内产生一种独特的、令人愉悦的刺激感。

2017年7月赚了498万韩元；又过了2年，准确地说是在2019年7月，赚了5300万韩元，这一收益是仅仅21天的收入。这位博主的月收益可能高达7000万韩元。在这个世界上，到底是什么样的工作能在短短的4年内，让一个人一个月的收益增长了378倍？更令人诧异的是，达到这一目标所依靠的资本，仅是握在手中的智能手机摄像头和麦克风。那一天，我对这个世界原有认知中的一部分被打破了。

通过各种媒体，我了解到一个月收入超3000万韩元的大有人在。然而，在那次采访之前，从未听谁说起过，我甚至以为即便是有，也是像医生、律师那样有着高收入的少数高知人群；也未曾料到既无名牌大学学历，又无出色的工作经历，也不是干什么大事业的人，竟能赚那么多钱！也就是在那时，我才发现成功人士并非如我原来所想的，是那些跟我截然不同、身怀绝技之人。

在大公司工作的人身边会有许多上班族，在政府部门工作的人身边必定有许多公务员。他们那种稳定的生活好是好，不过问题在于，要是只生活在自己所处的那个小圈子里，就无法知道圈子外的世界正在发生的变化。自己生活的圈子并非世界的全部，我也不例外。我也曾按部就班地只生活在作家和讲师的圈子里，就算如此，生计也不会受到太大的影响。然而，就在那一天，我偶然看到了一位博主在YouTube上的收益，一扇新世界的大门就这样被缓缓开启了。

2018年10月29日，我在YouTube个人频道上传了第一条视频。对于无频道订阅人数的我来说，10万名、30万名订阅者这样的数字简直是太遥远了。实话实说，当时我本身就不相信通过YouTube能赚到钱。时间就这样过去了。3个月后，2019年1月，我第一次收到了从谷歌汇进来的4万韩元。先不论金额大小，这让我确定了一点：上传视频是有利可图的。于是我开始了通过社交平台营生之路。自此以后，2月的收益是40万韩元、3月的是140万韩元、8月的达到了465万韩元。

过了3年，我现在在YouTube运营的个人频道"金作家TV"订阅者在不经意间已突破180万名。如今，世界已改变，构筑财富的新模式已登场，我们不得不去接受以前所未有的方式来创造"新富人时代"。就我而言，2018年10月29日开通YouTube之前和开通之后的收入差距相当大。如果让我说分享成功秘诀，花上一天的时间也说不完道不尽。不过，如果让我非得挑一个的话，那只能是：在亲眼见到那一番新天地之后，自己不由自主地"跳了进去"。

现如今，许多人都说自己知道"YouTube是潮流"。然而，他们错了。他们并不懂"YouTube是潮流"意味着什么，而只是把它看成别人应尽之事，自己却在外旁观。要是懂得"YouTube是潮流"的真正内涵，就应该"迎流而上"。只有在"潮流"中亲身遨游，才能知道YouTube的真实面目。

时期不同,所需"良人"亦不同

在人的成长过程中,经验尤为重要。经验又分为直接经验和间接经验。直接经验,即你直接从事某种工作或在学校学习获得学位。然而,时间有限,我们无法亲身体验一切。因此,我最推崇的便是以间接经验的方式与人交流。

地方大学出身、30岁出头的我,饱尝因学校不好而产生的自卑感。我渴望见到拥有世界和韩国著名学府学历的人,以此来抹平自己因学历而衍生的自卑感,所以我跟国内首尔大学、高丽大学、延世大学[1]的毕业生,以及国外哈佛大学、斯坦福大学、麻省理工等名校的毕业生(不论学士、硕士、博士)均有过面对面的接触。

此外,我曾想写出能帮助人们改变生活现状、激励他们前进的文字。为了了解那些畅销书作家是如何创作的,我主动去拜访在自我提升、经管、小说等各个领域已功成名就的作家。

我十分渴望成功。为了学习成功人士的经验,我拜访过大公司和外企的首席执行官、空军总参谋长、国会议员、市长、政府部长,等等。

---

[1] 首尔大学、高丽大学、延世大学是韩国三大著名学府,被称为"SKY"。——译者注

另外，为了见到所谓的位高权重者，我还有过搭乘董事长专用电梯的特别体验。

后来，我想把这些求教解惑的经历汇成一个有价值的影像集。从那时起，我就选定主题，开始进行采访。想写就业方面的书，就去采访大公司、中坚企业[1]、外企等100家企业的人事主管，出版了《100位人事主管的秘密录音记录》一书；想写专注力方面的书，就采访了从1988年汉城奥运会到2016年里约奥运会为止，获得过奥运金牌的33位运动员，出版了《最后的专注》一书。想写与学习相关的书，我就去采访从1993年到2018年间，30位历届高考满分者，出版了《第一名不会像你那样学习》一书。想写与YouTube有关的书，就去采访23位韩国顶级博主，出版了《YouTube的年轻富人们》一书。就这样，10年来我拜访了1000余名成功人士。通过这些采访，我不但出了书，还成了制作采访视频方面的专业人士。

想必，现在各位已知道自己该跟谁见面了吧？那就是——在你渴望涉足的领域已做出突出成就之人。假如想成为银行职员，可以主动去接触那些刚入职的新职员，也可以去拜访银行支行行长、金融专家等。见到相关领域成功人士的方法有很多种：去学校的就业指导中心寻求帮助，去参加银行举办的与金融相关的活动，这些都不是什么难事。上班

1　韩国的"中坚企业"可理解为处于中小企业和大企业之间的转型，且具有一定规模和创新能力、发展潜力较大的企业。

族要接触哪些人呢？答案是自己从业领域中的前辈，在自己的工作岗位上被称为专家的那些人。

再讲一个小秘诀，你要区分好行业种类和职位等级再去接触、拜访。打算开韩国料理店的人，若你是在日本料理店工作，并不能学到很多东西；打算开花店的人，若是在服装店工作，也学不到什么。也就是说，必须要接触或拜访跟自己想要从事的领域有着密切关系的人士。

同时，职位等级最好划分为三等，并给每个等级定好比例。如果我是一名社员[1]，代理[2]级别中优秀者占50%，课长、组长[3]级别中优秀者占30%，中高层级别中优秀者占20%。处于职员、代理级别的人，不会因一整天都跟中高层见面而学到很多东西。能缓解你燃眉之急的人是同领域的优秀者。跟他们近距离接触，一方面，你可以知道自己现在必须要做的事情；另一方面，可以提前培养你在未来可能需要用到的某些能力。

现在，如果你已经知道了正确答案，就只需为怎么去充实、怎么去推进而考虑。时间已站在了你这一边。

---

1 韩国公司职位中的社员指的是一般工作人员。——译者注

2 韩国公司职位中的代理指的也是一般工作人员，级别高于社员。——译者注

3 课长和组长在韩国公司职位中属中层，组长的级别高于课长。——译者注

书中有"良人"

我们与成功人士面对面交流并非易事。或许从你现在所处的位置来看,那个人是遥不可及的,也有可能采访受限于时间和空间,你们暂时无法相见。这时候你需要做的是,阅读那些蕴藏着成功人士强大的"内功"的书籍,我亦如此。作为采访过 1000 余名成功人士、阅读过 3000 多本书、有资历的作家,我可以胸有成竹地说:"阅读一本书的价值,比见那个人一次面多得多。"其原因在于那本书中涵盖了作家的整个人生。在我的朋友中,有一位企业家对于阅读给出的理由,深深地触动了我。我想与大家分享一下。

"我人生的改变就是从阅读开始的。因为在那之前,我过得浑浑噩噩,无法适应社会,整天窝在家里,得过且过地度日。

"不过,后来的我开始打工,在一番苦思冥想之后,我决定开始阅读。当时,我的心里只有一个想法:如果至少要做好一件事,书籍可能会给我答案,于是,我就开始阅读。就像游戏战术秘籍一样,书中果真写着问题的解决办法。

"实战和理论虽然存在着差异,但可以肯定的一点是,与一个人势单力薄地苦思冥想相比,从书籍中找到解决方案的概率确实更大。仅凭自己去思考，效果终归是有限的，难以超越他人，但读书可以做到。在阅读之后，你把书中对自己有用的东西一一应用的话，成功概率会一点一点增加。假如自己一个人思考时成功的概率为 10%，通过阅读，你的概率就有可能增加 50%。在人生中如此反复数十次、数百次，你就能逐渐进入状态。

"连阅读也无法解决的情况只有一种，那就是你过于固执，害怕受伤，所以不愿转变自己的想法，并认为转变想法本身就是一件伤自尊的事。因此，即使读书，要么仅重复阅读强化自身既定想法的内容，要么只是做做样子，读了也不会去实践。甚至还认为这种固执是为了保护自己，实际上却适得其反。正是这种'偏执'阻碍了你的发展。读完一本新书，认识到自己的想法是错误的时候，才能有所成长，行为才能随之改变。然而，倘若不承认自己的错误，阅读就会变得毫无意义。

"对人来说，有很多事情早已注定。天生的基因如此，自身的成长环境亦不例外。唯一能使人改变的便是书籍。阅读之后，跟有智慧的人交流，人生便有望实现逆袭。在我们的生活中，好运时有降临，问题就在于我们能否紧紧地抓住它。错失良机意味着缺乏判断力，未能果断做出决定。但书籍可以帮助我们更好地做出决策，提升我们的判断力。这一答案虽看似老套，却为正解。人们总想找到'独门秘籍'，却似水中望月般不切实际。能够让我们的命运得以改变的，就是书籍。我们无法直接见到的人，可以通过书籍相遇。从书中你可以听到比现实世界更为隐秘的故事。因此，我想说：'请开始阅读吧！'你越是受到激励，就会越努力成为更好的自己，就越容易与好运相遇。"

观察

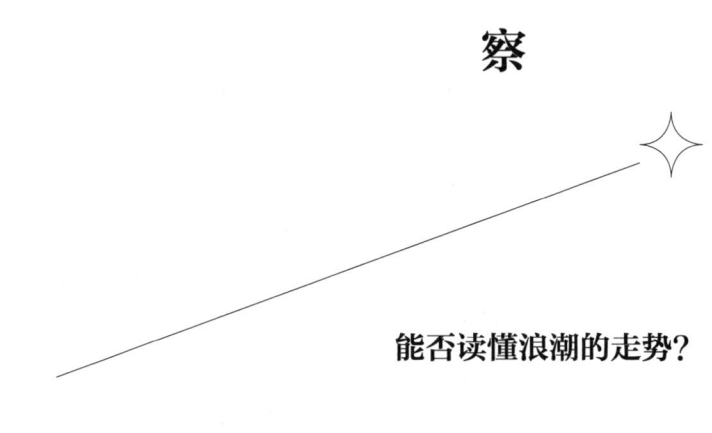

第二章

No. 2

Lucky

能否读懂浪潮的走势？

✦

全球性大流行病使得世界的变化速度不断加快。
在这个仅凭移动设备便能实现一切的
数字化世界中,
我们奔波、体验、碰撞,
世界的变化以迅雷不及掩耳之势袭来。
加快的速度要求我们
必须准确把握这一变化的进程。
在这个仅需点击几次屏幕便能了解世界的时代,
你正凝视着什么?

你的所见所闻，便有你的未来

小时候，我曾因外貌而自卑过。身材矮小是我无力改变的事实，可总是因为黑眼圈，听到"昨天没睡好吗？""最近有什么烦心事吗？"这类话，对我来说简直是奇耻大辱。某一天，我终于下定决心去整形医院，咨询有没有消除黑眼圈的好方法。当时为了见朋友，我恰好身处大邱最繁华的街区——东城路，于是环顾四周，想顺便看看附近有没有整形医院。结果，不看不知道，一看吓一跳。

整条街道上，整形医院多得让人眼花缭乱！在那之前，我也常去东城路，却从未注意过这一现象。直到那时，我才恍然大悟，是我们误以为自己用眼睛看到了整个世界，可事实却是这个世界太复杂、太广阔，我们无法看尽一切。我们仅仅着眼于目之所及的一些目标和关注点，只能看到被有意过滤掉的世界。仔细一想，这是情有可原的。警察能不动声色地把我们在生活中并不常见的毒贩和小偷逮捕归案，艺术家不也是善于从日常的不经意间获取灵感吗？我们都是以看自己想看的、看自己能看的，来度过每一天。

上大学时，我曾多次参加过各类比赛，并 17 次获奖。虽然努力和能力是获奖原因之一，但最重要的是，我参加的都是自己有可能获奖的大赛。就好比田径选手不可能去参加游泳比赛一样，我首先寻找适合自己参加的比赛。为此，那时的我随时都在检索与大赛有关的网站和网络社区，定期订阅大学生看的报纸和杂志。这自然让我比其他人掌握了更多比赛的信息，同时让我找到了最适合自己参加的比赛。感谢我的目标和关注点，能让我像神算子那样，找准自己可以挑战的比赛，并最终获奖。

了解你的关注点是一件非常简单的事。现在马上去确认你在网上检索了什么、手机经常使用的是哪些应用程序、下班后去参加什么社团等。如果在网上主要是查书或相关资料、出去是参加读书会，并坚持每天写作，那你总有一天会成为博览群书、富有教养的学者，或成为在工作的同时还能出版书籍的作家。

正如法国小说家安德烈·马尔罗所说："一直勾画梦想的人，最终会实现梦想。"我们所看到的、所听到的、所经历的，日复一日地累积在一起，就会变成我们的未来。除了课堂时间和工作时间以外，你还想做什么呢？寻觅网红餐厅？四处旅行？听起来很不错，可仅此而已的话，那就麻烦了。假使你有一个梦寐以求的未来，为了实现它，你就应该投入更多的时间，尤其你的目标是实现财务自由的话，仅靠花钱和享受肯定无法得偿所愿。该享受时享受，但即便是尽情享受，也必须投入超乎常人的时间去寻找你更喜欢做的事和做得更好的事。那些既无目标，又无关注点的人，是不会觉察到好运即将到来的预兆的。要是不知道人生之路该怎么走，就先从你所看到的和听到的开始"复盘"吧！

幸运笔记

寻找你的目标及关注点

把视频上传到社交平台上时,你主要上传的是哪类视频?
1
2
3
4
5

在使用 NAVER、YouTube、Instagram 等社交平台时,你主要使用哪些检索词?
1
2
3
4
5

数据已知晓世界的变化

2019年4月，一位只有6岁的YouTube博主，个人频道名为"Boram Tube"，其家族企业斥资购入市价约95亿韩元的清潭洞[1]某大楼的消息，占据了各大新闻媒体头条。"Boram Tube"上传的主要是宝蓝小朋友的日常生活和玩具测评等视频。跟踪分析社交媒体数据的美国网站Socialblade透露，当时"Boram Tube"的广告收益在韩国博主中位列第一，"Boram Tube"所运营的两个子频道月广告收益的估值最低约为3亿韩元，最高约为51亿韩元。也就是说，频道运营就算再怎么不济，这个账号也能轻轻松松月入10亿韩元。

那时，大众对此各种指责，甚至有很多人说这是在靠卖孩子赚钱，是在虐待儿童。实际上，在"Boram Tube"频道，有一些诸如宝蓝偷爸爸钱包、开汽车这类煽动性内容的视频，也因此被网友指控是在虐待儿童，还受到过"保护处分"[2]。之后，YouTube儿童频道出台了各种

---

1 韩国首都首尔著名的富人区。——译者注

2 韩国《刑法》第九条规定，未满14岁者为刑事未成年人，无需承担任何刑事责任。根据《少年法》，少年保护案件可被处以少年保护处分，在保护处分里最高的处分是"10号处分"，即被移送至少年院2年，而且少年院跟监狱是不一样的，也不会留下任何前科记录。这个法律的目的是教化，为了让他们以后能成为"健康的人"。——译者注

限制性条款,"Boram Tube"的韩语频道"Boram Tube Vlog"在2019年12月23日以后,再未上传过任何新视频。

我们现在来开诚布公地说,在当时该频道所产生的负面舆论中,是否也包含着一定程度的嫉妒之情呢?一个年仅6岁的小孩怎么就挣了那么多钱?很多成年人的内心肯定被某种无名的空虚感和相对剥夺感[1]所充斥。

这种时候我们该做的不是出言抨击,而是要去分析这个频道本身所具有的影响力。KBS电视台的儿童节目《TV幼儿园》收视率才0.4%,一个6岁的小朋友在家拿着玩具玩的YouTube频道,订阅人数却是3800万,累计点击率高达123亿次。其结果就是,该频道自2016年5月开通以来,仅3年便购入了市值95亿韩元的大楼。

这真的是跟你毫不相干的事情吗?"Boram Tube"是怎么做到在短时间内积累如此巨大的财富的?你也能挣那么多钱吗?要是可以的话,你该做些什么,以及怎么去做呢?一边看"Boram Tube"购入清潭洞大楼的报道,一边想若是我的话,该做些什么,也许我的人生际遇就会与现在截然不同。

如果广播电视媒体的生态系统发生变化,广告市场就会随之发生变化。根据第一企划(Cheil Worldwide)[2]的数据,2020年,包括地面

---

[1] 相对剥夺感是指当人们将自己的处境与某种标准或某种参照物相比较而发现自己处于劣势时所产生的受剥夺感,这种感觉会产生消极情绪,可以表现为愤怒、怨恨或不满。

[2] 第一企划(Cheil Worldwide)是韩国最大的广告公司,总部位于韩国首尔。——译者注

波电视台、综合编成频道[1]、广播、网络电视等在内的整个广告市场,比上一年减少8.5%;报纸、杂志等印刷广告市场比上一年减少了4.8%;包括电影院在内的户外媒体广告市场,竟比上一年减少了27.2%。与之相反的是,数字广告市场则比上一年增加了13%,尤其是移动行业呈持续上升的趋势。2020年,在韩国整个广告市场中,数字广告所占份额高达47.6%。

这也有可能是在全球性大流行病的肆虐下,身处非面对面环境所引发的暂时现象。然而,从之前开始,韩国三大地面波电视台的影响力就每况愈下。从韩国放送通信委员会发布的"各年度综合收视率比例"来看,KBS、MBC、SBS三大地面波电视台的收视占有率之和,从2012年的63%下降到2019年的43%。韩国放送通信委员会2022年公布的《广播电视企业财产现况公开本》显示,KBS的广告收益从2016年的4207亿韩元减少到2018年的3327亿韩元,减少了880亿韩元。MBC和SBS电视台亦难以幸免。

如今,许多人已不再通过电视,而是通过移动设备来观看视频。即便打开电视机,也是直接点击"YouTube"或"奈飞"。人们一般不会为了看喜欢的电视节目而定好时间坐在电视机前等待了。智能手机完全改变了人们观看影像的模式,撼动了媒体生态系统。

那么,韩国人使用哪个应用程序的时间最长呢?WISE APP/WISE

---

[1] 综合编成频道是韩国一种不通过无线电视而采用有线电视、卫星电视或宽带电视等方式进行全国播放的电视频道类型。——译者注

RETAIL[1] 发布的调查结果显示，2021年4月，韩国人使用时间最长的手机应用程序为视频网站 YouTube，是 Kakao Talk 两倍以上。

使用时间越长，便意味着该应用程序的广告收益越大。2021年1月，YouTube 使用者数量在韩国国内4568万智能手机使用人群中达到4041万人，占到88%，且日平均使用时间为1个小时。各种数据充分说明了 YouTube 如今已成为韩国媒体市场的平台标杆。如果你今后要专攻的是广播电视、广告、流通等领域，就必须观看 YouTube。更为准确地说，应该是无论从事何种行业，都必须观看 YouTube。

根据 KBS 发布的《2020年第三季度媒体信赖度调查》，对于"最信赖的新闻媒体"这一提问，YouTube 依次排在 KBS、MBN、JTBC、TV CHOSUN[2] 之后，位列第五。如今，早已不是 KBS、MBN、SBS 称霸一方、YouTube 仅能分得一杯羹的世界了。现在，连 KBS 的新闻频道也会庆祝其 YouTube 频道订阅者突破100万，作为纪念，通过 YouTube 频道来直播《金纽扣宝箱大公开特辑》。世界已改变，我们以往所了解的世界已不复存在。我们的社会正发生着翻天覆地的变化，可仍有不愿正视现实的人，而我们也到了该把自己"格式化"的时候了。

---

1 WISE APP/WISE RETAIL 是韩国应用程序和零售分析服务机构。——译者注

2 TV CHOSUN 是韩国的一家民营媒体，创立于2011年，隶属于《朝鲜日报》。TV CHOSUN 与韩国的 MBN、JTBC、Channel A 并列为韩国四大综合编成频道。——译者注

瞬间之选择，汇流为你的运气

人生就是连续不断的选择。我们在学生时代经常面临的选择是先跟朋友玩，还是先做学校的作业。那些瞬间的选择日积月累，成就了现在的你。进入一所好大学，运气变好的概率会可能更大，最大的区别在于遇到的人。共同完成小组课题的组员成了被寄予厚望的某创业公司的首席执行官，那你也许还能获得与之共事的机会；遇到棘手的事情，认识当律师的朋友，就可以从他那儿得到法律援助。

诚然，上一所好学校，不一定就能遇到好的朋友；认识更出色的同事，也不一定能确保自己会获得成功。不过，有一个不可否认的事实，那便是，这至少可以提高成功的概率。我们做的绝大部分努力，不也都是为了提高成功的概率吗？在此，我想分享一些与做出正确选择的方法有关的故事。

第一，为了做出正确的选择，不是要关注"现在"，而是要预估"未来"的情况。如果只被当前的困难所束缚，眼前将会是一片空白。某位坐拥数百亿资产的首席执行官曾对我说过下面这段话：

"小时候常产生'为什么就我……'这种想法。'为什么就我们穷？为什么就我们家饿肚子？为什么就我没钱交学费？'，这些问题常让人难以接受，因为身边没人像我这样。然而，那种无谓的自寻烦恼浪费了太多的时间。其实，我也不是在责怪那时的自己，而是觉得当时应该想的是'正因为现在条件不好，所以想要做点什么事情，上了大学快点赚钱'。直到高三，我才好不容易甩掉了那些负面想法，开始努力学习，最终考上了大学。上了大学，自己打工挣了些学费和生活费后才终于明白'种瓜得瓜，种豆得豆'的真正内涵，我的人生也算是真正开始了。"

埋怨父母、抱怨自己所处的环境，一切都不会有任何改变。不要沉浸于虚浮荒诞的幻想之中，也不要奢望侥幸之事；要专注于现在自己能做的，即为了抓住下次即将到来的机会，竭尽所能地做好准备。无论遇到什么样的人，无论做什么事，在需要选择的瞬间都应扪心自问："如果遇到这个人，我便能顺风顺水的话，结果会怎样？做这件事，是否会为我招来更多的麻烦呢？"也就是说，不要只顾眼前利益，而是要思考今后的发展，就能得到更为明智的答案。

第二，即便是失败，也要坚信自己能重整旗鼓。有位朋友现在十分成功，可他却告诉我，自己也曾是一个错失良机之人。

如今回首往事，觉得惋惜的是，错过了相当多的好运。以前曾拒绝过某企业聘请我做高管的橄榄枝。那时我要是去的话，就能拿到股票期权，按照现在的市价算，应该是300亿韩元左右，它就是凭借"外卖的民族"[1]而声名鹊起的"优雅兄弟们"[2]公司。我当时根本没想到这

---

1 "外卖的民族"是韩国排名第一的外卖配送手机软件的公司。——译者注

2 "优雅兄弟们"是韩国外卖送餐龙头企业，成立于2011年3月。——译者注

家公司会发展得这么好。"人的一生中会遇到三次行大运的机会"这句话一定得铭记于心。既然有三次，那么就算错过了一两次，只要紧紧抓住下一次就行。假如知道自己错失了良机，当下一次"好运之球"飞过来的时候，就要打起精神。不必为已过去的事情介怀，看好下一个"好运之球"才是最重要的。因为只有不再错过下一个良机，才能提高成绩的概率。

每个人都会遇到好运降临之时。尽管可能因某些事情不顺而错过，但好运肯定会再次降临的。假使人生只剩一年，机会便只有千载难逢的一次。然而，人生没有假使。如今人的平均寿命已80多岁，所以就算错过了一次机会，下一个机会也会再次敲门。可即便如此，若你始终未能做好准备的话，哪怕机会源源不断地到来，你也会一一错过。虽然这次失败了，但你一定要记住，还有下一次机会，并且现在就要竭尽全力地去为其做好准备。

第三，为了做出正确的选择，需积累实力。一位证券公司高管曾对我说过下面这段话：

"人生常常会遇到需要做出选择的时候。在那一瞬间，是做出正确的选择，还是错误的选择，全凭自身实力。比方说，比特币为1万美元时，你因为被别人劝着买，可以算是做了点投资。然而，当价格上升到6万美元时，你若是火急火燎地大量借贷款去买入的话，现在的资产可能已缩水一半了。遇到这种情况的人，可能会说"是我不走运"，可这并不是运气问题。通过钻研而积累了实力的人，就会知道比特币这种东西属于有升有跌的资产，不会选择过度借贷去投资。能否抓住好运，关键在于自己对此有多了解。"

换句话说就是，要懂得量力而行。现在你的选择是以往自己所积累的经验与实力的产物，我们不能选择超出这个范围以外的东西。亚伯拉罕·林肯说过："40岁以上的人，要对自己的脸负责。"他认为，一个人的脸能全方位地展现这个人的性格与态度。除了相貌之外，我还想在此之上添加一个要素，那就是选择。透过这个人的选择能看穿其本质。

两者之中，哪个才是正确的选择，要等今后有了结果才会知道。当然，并非一切选择皆如此。大多数选择早已分出好坏。然而，很多人明知是错误的选择，却以更简单、更方便为由而选择了它。于是，从那个人做出选择时，便可知其10年后的人生。我们将选择称为实力。有实力的人会做出正确的选择，进而提高自身成功的概率。运气虽属不确定要素，但若积累了实力，便可在"对弈"中抢占先机。

其实，所谓的命运，就是你对这个世界抛给你的无数提问和机会的选择。对于这个世界抛给你的无数选择题，你所给出的答案汇流于一处，便成就了你的运气。因此，愿大家都能拥有使自己做出正确选择的实力，每天积累的成就虽微小，却会随着一次次正确选择的汇流，最终化为"复利"而上涨，这不就是成功的原理吗？

四条好运之路

好运是如何来到我们身边的呢？在写这本书的时候，我才发现它的到来之路居然只有四条。若是所有人在生活中都对这四条路径了如指掌的话，定能悟出更多让好运到来的方法。

第一是遗传，属于先天因素。出身于一个好家庭、有个好基因，绝对是一个人的福气，尤其是在受身体素质影响较大的体育领域，这种优势则更为明显。

田径运动员尤塞恩·博尔特向世人展示了其令同时代竞争者无法比拟的实力，获得了金牌，并创造出了100米9.58秒的新世界纪录。人们之所以对他的成绩吃惊不已，还有一个原因——他被称为"懒惰的天才"。由于不喜欢贴身衣物所带来的不适感，他不穿可以降低空气阻力的新材质比赛服，平时也不会刻意管理自己的饮食。比赛前，他吃完自己最爱的麦乐鸡才开跑，却创造了新的世界纪录。在讨论博尔特的成就时，人们果真能忽略他的天赋吗？此外，在世界各地，我们都能亲眼所见拥有某一时代体育巨星父辈们的"星二代"们，在各个领域同样有着极为突出的表现。

值得庆幸的是，他们属于极少数人群。如果运气好、拥有常人无可比拟的天赋,更快地走向成功是理所当然之事。这条成功之路常人望尘莫及。无论如何,还有其他三条好运到来之路,所以不必太过惋惜。

第二是时代,属于环境因素。如果时代是时间概念的话,环境则为空间概念。难道只因是个才华横溢的艺人,就一定能大红大紫吗?拥有天赋的艺人无论再怎么努力,若不是时代所需,也很难闪耀光芒。换言之,你的成功会受自己所付出努力的时间和地点所左右。有一部许多人都看过的韩国纪录片,名为《寻找小糖人》(*Searching for Sugar Man*)。罗德里格斯在美国是一位毫无知名度的过气歌手,可连他自己都不知道,他在南非竟是仅次于鲍勃·迪伦的超级巨星。因此,能让他火遍大江南北的"福泽之地"就是南非。

"时代福运"取决于你所喜欢和擅长做的事是否符合自身所处时代的发展。许多郁郁不得志的艺术家,虽然才华卓越,但这些才华与他们所处的时代相比过于超前,从而导致他们在世时,无法发出光芒,反而在去世后,其作品的艺术价值才重新受到世人肯定。然而,时代、环境因素与遗传因素的不同之处在于,一旦我们付诸努力,仍有成功的机会。

那我们又该如何呢?答案便是读懂时代的需求。现代社会比其他任何时代都要求先发制人、快人一步,不分行业,其所属的生态系统均处于飞速变化之中。比如,哪怕是看起来已进入夕阳产业[1]行列的出版业,那些与时俱进的出版社均取得比以往任何时候都丰硕的成果。它们在

---

[1] 夕阳产业是对趋向衰落的传统产业部门的一种形象称呼,指产品销售总量在持续时间内绝对下降,或增长出现有规则地减速的产业,其基本特征是需求增长减速或停滞,产业收益率低于各产业的平均值,呈下降趋势。——译者注

社交平台上拥有自己的频道，或通过网红营销战略来发展新作者和读者。反之，尽管时代已改变，仍一如既往地只局限于书店销售或报纸广告的出版社，则会在竞争中逐渐退居下游。

这一结果的出现并非归咎于自己的不努力。与过去不同的是，仅靠单纯的诚实品质是无法实现生产力变革的，现在社会需要的是基于诚实品质的创造力，这不属于好运范畴。按照我们的努力程度，"遇上了好时代"可替换为"我们读懂了时代"这句话。我们应仔细地"复盘"，好好想想，自己所付出的努力到了最后是不是竹篮打水一场空？

第三是人际关系因素。我们可能会遇见某个人，那个人能让我们有机会释放出自己体内的潜能。就像朴智星[1]遇到教练希丁克[2]、歌手Rain[3]遇到制作人朴振荣一样。成功的人身边都有能赏识其才华并愿意提携的伯乐。就算你有实力，那也不意味着能在对的时间遇到对的人，人与人之间的相遇是需要好运相伴的。哪怕只是为了增加一点点好运的概率，也要全面撒种。同时，为了撒好种子，我们必须与人交往。认可你发展潜力的人越多，遇到能带领你前行的伯乐的概率就越大。

第四是个人因素，也就是你的个人努力。从所占比重来看，它虽仅

---

1 朴智星，前韩国职业足球运动员，2002年韩日世界杯上表现出色，带领韩国队杀入世界杯四强。2005年夏季以400万英镑的价位正式转会加盟英超曼联，成为曼联历史上第一位韩国球员。——译者注

2 希丁克，全名古斯·希丁克，前荷兰职业足球运动员、教练员。

3 Rain，本名郑智薰，韩国流行男歌手、演员、编舞师、音乐制作人。2011年成为首位两度获选美国《时代周刊》全球最具影响力100人的亚洲艺人。——译者注

占总体的四分之一，可事实上，倘若没有个人因素，其他因素再怎么完美，都是徒劳。因为只有凭借个人的努力或意志力，再加上其他外在因素，才能创造出"成功之运"。诚然，个人因素包罗万象，但这里只着重谈一个，那就是行动。若想抓住好运，就要带着能读懂时代需求的眼光去做好相应的准备，其中，画龙点睛之笔便是行动。这个世界的好运绝不会降临在万事俱备却未能付诸行动的人身上。对此，某化妆品公司首席执行官曾讲过这样一个故事。

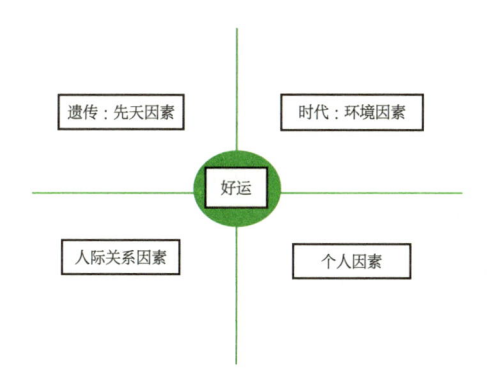

```
          遗传：先天因素    时代：环境因素

                        好运

          人际关系因素      个人因素
```

"归根结底，关键在于付诸行动。先于他人接受挑战、筹备新项目并推出产品，属于实践范畴。只有先下手为强，才能在今后出现好的商机之时，把它变为自己的好运。我们就是一家凭借面膜成功打入中国市场的企业，常听人说我们走了大运。其实，面膜是很多企业可以轻而易举生产的产品。然而，我们却选择率先进军中国市场，也就在同一时间，化妆品界刮起了'韩流'之风。是的，我们真的极为幸运。但如果现在让我们重来一次，说不定就没这么走运了。我们之所以能成功，根本原因就是先于他人做出了行动。我们提前生产出产品，率先进军中国市场，也正因如此，我们才能牢牢把握住'时代福运'。"

果不其然，抓住"时代福运"需要的是迅速的执行能力。可以这么说，个人能独立自主地开展行动，才能为抓住好运打下基础。进入移动通信时代以来，对成立不到 10 年的企业进行评估，市值超过 1 万亿韩元的不在少数，它们就是那些所谓的"独角兽"[1]企业。其中最具代表性的便是未配置任何住宿设施的 Airbnb[2] 和无任何车辆所有权的 Uber[3] 公司，它们可以说是应运而生的企业。然而正如前文所述，独占福运者往往先发制人。福运是个人所积蓄的实力和时代所给予的红利汇流一处的交集点。

当然，即便读懂了时代，做好了充分的准备，并迅速付诸了行动，也不知何时能好运当头。关于这一点，能找到多少成功案例，就能找到多少失败案例。尽管如此，为了获得好运降临的资格，我们必须做好该做的事，必须耐心等待。想想我们堆雪人的时候，刚开始手冻得通红，却还要继续用手团雪球，但等它大到一定程度以后，不用手就能让它在雪地上越滚越大。好运从来都不是一蹴而就的，需要我们挺过那无人问津、

---

[1] 独角兽企业，是投资行业尤其是风险投资业的术语，一般指成立时间不超过 10 年、估值超过 10 亿美元的未上市创业公司。——译者注

[2] "Airbnb"的中文名为"爱彼迎"，是一家联结旅游人士和家有空房出租的房主的服务型网站，它可以为用户提供多样的住宿信息。——译者注

[3] "Uber"的中文名为"优步"，成立于 2009 年，是一家成立于美国硅谷的科技公司，旗下同名打车 APP 是美国第一大打车软件。2014 年 3 月，优步宣布正式进入中国市场。——译者注

寒冷而苦涩的隆冬时节。因为你所期望的时代不一定会按时到来。然而，当时代与人、你的努力相遇之时，就能感受到你那如巨大雪球般越滚越大的好运，我们将其称为"幸运"。

能否让"时代福运"为你所用？

这个世界以非名牌大学毕业为借口，不曾给从地方大学毕业的我很多机会；这个世界以年纪大为借口，不曾给30岁大学毕业的我很多机会；这个世界以外地人为借口，不曾给从大邱来到首尔打拼的我很多机会。

在那段为了在首尔生存下来而孤军奋战的岁月里，30岁出头的我时常悲叹道："我为什么就这么倒霉？"刚开始运营YouTube个人频道的时候，情况亦如此。从2018年10月29日上传第一条视频起，到一年后的2019年末，频道订阅人数勉强达到了8万。作为一个YouTube博主，这一数字虽谈不上失败，但也算不上成功。

后来，在2020年1月，我觉得应对运营战略稍作调整，原因是人们对理财越发上心。于是，我开始上传相关视频。2020年1月20日，韩国国内出现了首例新冠肺炎确诊病例。随后，股市崩盘。然而，股价下跌了多少，人们对股市的兴趣随之上升了多少。当时，我的资产也缩水了30%以上，所以我认为其他人也同我一样，心生不安和焦虑。那时，我的YouTube频道订阅人数仅为10万。在这之前，我已打下频道运营的相关基础，因而在那一刻，我不由自主地产生了孤注一掷的想法。

此前，我的视频拍摄都是在外面的工作室进行的。这样一来，拍摄视频往往耗费了大量时间。先是整理好所有的摄影器材去工作室,待拍摄结束以后,重新收拾好器材回家,仅一次拍摄就要耗费一天时间,所以,我想成立一间个人工作室,这样就不用把时间浪费在诸如搬运、组装摄影器材这类琐事上了,节省出来的时间可以拍更多的视频。于是,我在麻浦站租了一个24坪[1]的商务公寓,月租金为200万韩元。当时我的YouTube频道收益并不多,在支付了月租金和视频剪辑师的工资后,就没剩下多少钱了。

然而,奔腾而来的浪潮不容错过,这是我一生的期盼。为了打造出一条能乘风破浪的"安全之船",我下定决心搬家,配备好摄影器材,布置好工作室,雇用了三位视频剪辑师。说我把自己的全部身家都赌在了YouTube上也不为过。我只知道,绝对不能错过这一良机,因为浪潮已经奔来,必须划桨乘风破浪。随后,我每天都在为拍摄奔忙,我邀请到迈睿思资产管理有限公司的John Lee代表、YouTube频道"3PROTV"[2]博主之一的金融界专业人士金东焕先生、爱斯普乐投资咨询有限公司的陈康会长等做访谈嘉宾,上传的视频期期点击率爆棚。此外,我还做过"超级蚂蚁"系列,那一系列视频的反响亦超乎预期,我的人气实现了飙升。

---

[1] 1坪约3.31平方米。——译者注

[2] YouTube频道"3PROTV"由三位博主共同运营。这三位博主分别为金融界人士金东焕、记者李振雨、媒体人郑英真。——译者注

2020年1月20日,韩国综合股价指数为2277,而仅在2个月后的3月19日,指数达到了1439。也就是在这2个月的时间里,"金作家TV"YouTube频道的订阅人数增加了10万。刚开始,增加1万订阅者用了6个月时间。之后,便逐渐出现短短3天订阅者就增加1万的红利期。2019年一年间,频道订阅人数增加了8万,可在随后的2020年,仅一年就增加了52万人,增长率高达550%。与此同时,现在我的频道成为股票、理财类订阅者最多的频道之一。

　　作为YouTube博主,我能获得成功的原因是什么?是因为YouTube的全盛时代到来了吗?如果真的是这样,那么其他频道也应大获全胜才对。然而,与我同时期运营的大部分频道却未能成为"弄潮高手"。过去10年进行过的各类访谈,让我拥有了与众不同的阅历和能力。此外,在策划、拍摄、剪辑等频道运营方面,我已经累积了10万订阅者作为基础,可以说万事俱备、只欠东风了。

　　由于做好了一定准备,当我与"时代福运"相遇时,才能乘风破浪,大胆前行。最重要的是,我确信自己等待已久的浪潮正奔涌而来,并果断地做出决定且付诸行动。无论是在租下200万韩元一个月的商务公寓时,还是在购买拍摄设备、雇用更多的视频剪辑师时,我并非毫无负担。然而,思考与决断的时间却并不长,那是因为我清醒地认识到:所谓的良机,都是先到先得,优柔寡断只能把这一乘风破浪的机会拱手相让。

　　同样,当时的心情有多迫切,执行能力和下定决心有多果断,我就有多努力。为了抓住顺应时代的契机,我必须先发制人、争分夺秒。正因为我提前做好了准备,这一切才成为可能。回想起来,除了我自身付出的努力外,这个世界也给予我更大的成功作为回报。一切的一切,均源于我能与"时代福运"相遇。我十分幸运。

速度

第三章

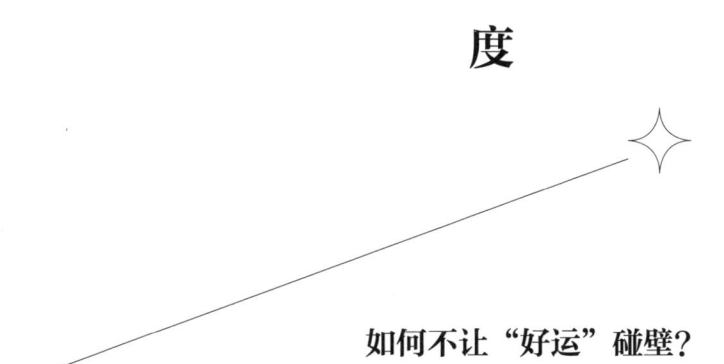

No.3
Lucky

如何不让"好运"碰壁？

✦

然而，如今也不是必须万事完美才能获得成功。
就如同为了实现投资效果的最大化需要金融杠杆那样，
我们的生活同样需要金融杠杆。
倘若不提高工作效率，
好运概率亦会随之降低。
既然如此，为了增加好运概率，
现在的你能做些什么呢？

人生中速度与方向的相互关系

众多书籍和演讲词都常提到这句话,即"人生不是速度,而是方向",还安慰我们说"只要找准了方向,慢慢前行即可"。这句话的意思是,在急于求成之前,应先设定好正确的方向。飞机哪怕是只偏差一度,也无法飞往既定的目的地,而是另一新地点,从这一层面来看,我是同意这种说法的。但我想在此基础上补充一句:"人生不是速度,而是方向。因为有了方向,才能提高速度。"

不知方向,自然无法加速。其实,我们的人生并非像导航仪那般,有目标明确的目的地。若没有目的地,便难以找准方向,所以速度不得不慢下来。

有位朋友曾跟我探讨人生,他说自己每天都很努力,创业快三年了,公司却无明显起色,也无任何明显的成果。随后,我问他一天是怎么过的。他回复在公司里兢兢业业地工作;为了开辟新的业务渠道,把兼营网店作为副业,下班后还在学习英语和中文;同时,在如此忙碌的生活中,人际关系也维持得极好;为了保持健康,坚持健身和练瑜伽;因为喜欢咖啡,连考取咖啡师资格证的培训也没落下。

将那位朋友的一天生活画个图表的话,如下图所示。站在生活的角度来看，这一图表看起来很充实，但就成果而言，却乏善可陈。当然，才华横溢之人自然能够胜任多种不同类型的工作，并且能在多个领域都交出一份满意的成绩单。然而，对大多数普通人来说，身兼多职并非易事，原因在于我们的时间和精力总是有限的。此外，每个领域都已有比我们更具卓越才能之人，他们投入了大量的时间与精力，不断产出优秀成果。因而，以"门门都懂，样样不精"的方式是无法获得所期望的成果的。

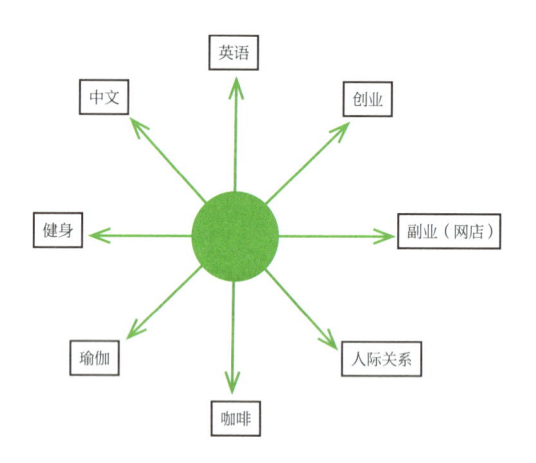

```
         英语
  中文    ↑    创业
    ↖    |    ↗
      ╲  |  ╱
  健身 ←──●──→ 副业（网店）
      ╱  |  ╲
    ↙    |    ↘
  瑜伽    ↓    人际关系
         咖啡
```

　　如上所述，同时开展不同方向的工作，缺乏"加速"本身所需的"能量之源"，是问题的关键所在。这也让可创造出成果的运气在一开始就"碰壁"。学生时代，我们在物理课上都学过这一原理：即使物体有了加速度，但如果方向改变，物体就会受到阻力，从而导致速度放慢。以每小时 100 公里的车速向东行驶的汽车，突然转而向北行驶，是不可能以先前同一速度行驶的。我们的人生亦是如此。之前提到的那位朋友，同时朝着八个不同的方向奔跑，一天就要踩八次刹车。

如果我是他，我会把八个关注点减少到四个。这样一来，如下图所示，方向性会更加明确。与此同时，我可以把自己有限的时间和精力投入原本最想从事的领域之中，这些汇集于一处的力量，能让我朝着自己所期待的方向加速前行。

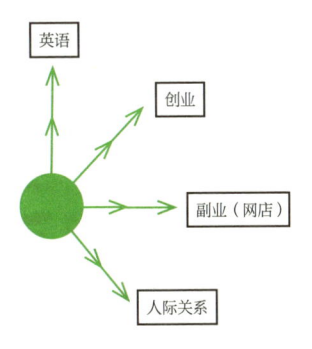

假设只专注于做一件事情呢？必定能让人集中精力，而且还能提高在那一领域取得成果的概率。

事实上，我认识的大多数成功的创业者除了创业本身以外，从不分心做其他事情，因为现实让他们没有时间再分散精力。激烈的商业竞争环境是不可能让他们空出时间和精力，有余力顾及其他事情的。

同时往几个方向跑是无法提升速度的。当需要加速度的时候，你的方向有几个，就会产生几个"刹车"阻力，结果就只能是以低速绕着几个方向转。试想，一个一天学一个小时、坚持学了两年托业的人，与一个一天学习8个小时、坚持学了6个月的人，谁会获得更高的分数呢？显然是后者。英语这一大方向已经确定，把时间都花在这上面，就有了加速度。由惯性定律可知，任何物体都会保持其当前的运动状态，直到有外力迫使它改变为止。如果有了加速的力量，就不可能突然停下来。

不要盲目相信"人生不是速度，而是方向，只要找准了方向就能到达正确的目的地"这句话。它看似富有哲理，可现实却是，后人一步的我们能收获的东西并不多。诚然，在人生中，为了能更快前行，方向确实比速度更为重要。同样，好运亦需要速度。

幸运笔记

你的一天是如何度过的？

1. 请写下今天一天所做之事的关键词。			
序号	今天做过的事	序号	今天做过的事
1		6	
2		7	
3		8	
4		9	
5		10	

2. 你的目标是什么？	
目标	

3. 为了实现目标，你做了什么，投入了多少时间？		
序号	今天做过的事	投入的时间
1		
2		
3		
4		
5		
为了实现目标所投入的时间总和		

假设在一天 24 小时中，8 个小时用来睡觉，8 个小时用来工作或学习。那在剩下的 8 个小时中，至少要为梦想留出 4 个小时。虽然已经有了目标，但若是从未付诸行动的话，就应想想现在的你该做些什么。要是时间不够，就直接删除一项目标。

兼程并进的结构化之力

有人说，方向之所以重要，归根结底是为了兼程并进。那么，是否还有其他可以加快速度的方法呢？令人遗憾的是，客观来说，天赋、能力、成长环境，以及个人身边其他"基础配置"，均有着不容忽视的巨大影响。哪怕投入的是同等时间，才华横溢的人也必定遥遥领先于其他人；家庭富裕、拥有丰富经历、人际关系网广的人，必定更能推进工作的开展。即便如此，我们也不必在尚未尝试前就意气消沉，尽管存在各种不可逆的因素，我们也能与他们并驾齐驱。亚马逊创始人杰夫·贝索斯在一张餐巾纸上画出的"飞轮理论"，让我找到了关键切入点。这张图的原理简单易懂，即亚马逊的成长由四个模块构成。

①增加供货商

②增加选品数量

③优化客户体验

④提高访问流量

当各个业务模块之间像咬合的齿轮一样，有机地相互转动时，亚马逊便会发展壮大。

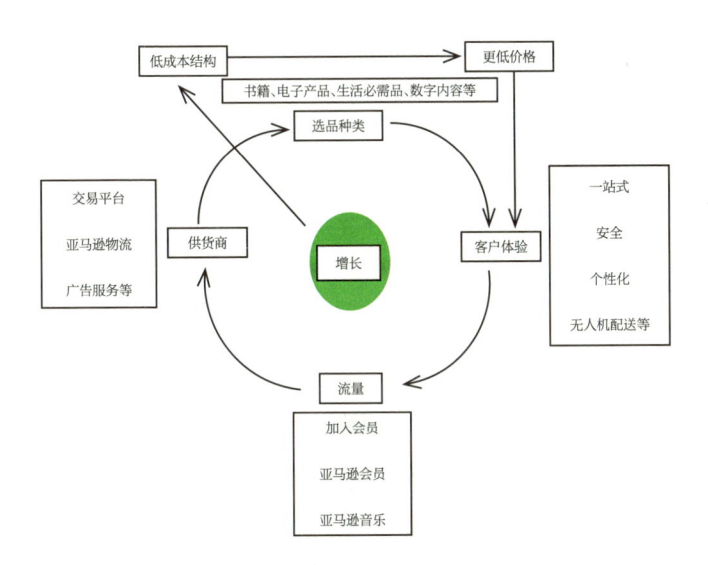

```
                    低成本结构 ────────→ 更低价格
                         ↑    书籍、电子产品、生活必需品、数字内容等
                         │         选品种类
    交易平台              │                              一站式
    亚马逊物流       供货商         增长         客户体验    安全
    广告服务等            ↑                              个性化
                         │                              无人机配送等
                              流量
                           加入会员
                           亚马逊会员
                           亚马逊音乐
```

杰夫·贝索斯的核心运营思想便是打造"飞轮"这一良性循环结构。为了打造出低成本结构，他成立物流中心来提供更低的销售价格，从而实现良好的客户体验，最终助力亚马逊不断发展，这是把"以客户为中心"作为发展的经营战略。

其实，我更关注的还有另外一件事。

亚马逊的发展并不是一两个步骤就能实现的，但如果将其结构化，也只有四大模块。我一看到那张图，就马上把它应用到自己的生活之中：出版新书时、进行某项目时，甚至包括运动时。比如，在刚开始运营YouTube时，我的实践方法如下：

①制订优秀的采访视频策划案。

②邀请最符合条件的专业人士。

③使用最好的摄影器材、构图、分镜。

④利用剪辑、字幕、音乐、效果等编辑视频。

⑤选择标题并制作封面,编辑视频说明、归类后上传。

⑥对上传的视频进行自我评价。

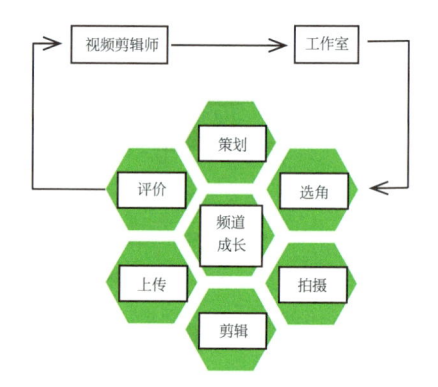

刚开始的时候,我的脑子乱成一团,但结构化后我才发现,原来运营好 YouTube 的方法,除了这六个步骤以外,再无其他。在创建好结构化导图之后,我需要做的事情也逐渐变得清晰起来,实施速度也变快了。另外,还能让我客观地评价自己在每一阶段中做得好的和做得不好的地方。从运营 YouTube 频道来看,其实跟亚马逊大同小异:需要低成本结构和低价格等竞争力。由于一个人无法转动 YouTube 的"飞轮",于是我聘请了视频剪辑师,并成立了个人工作室,以便更快、更有效地进行拍摄。当策划、选角、拍摄、剪辑、上传、评价这六个步骤相互推动、协调运作时,"飞轮"就开始以令人难以置信的高效率飞速运转了起来。

如今,"金作家TV"频道每个月上传视频数量约为80个,但所有视频的制作者,就只有作为博主的我和一位视频剪辑师而已,这归功于我有一套视频制作体系。与我规模相似的其他频道,一个团队至少有四个人,跟他们比起来,我的效率可以说是极高的,其秘诀便是结构化思维。

结构化思维的最大优点在于:可以使自己该做的事情变得明确,从而减少不必要的时间浪费。事实上,当许多人尝试挑战某件事的时候,大量时间都花在了"做什么""怎么做"这些担心之上。然而,在我做出结构化导图之后,从未因无谓的担心而浪费过时间。我十分清楚地知道自己该做什么。因此,在经历了短暂的思想斗争后,我便马上付诸行动。当然,刚开始进行结构化时,我投入了充足的时间,对想要从事的领域进行了深入的调查与学习。可一旦体系创建起来,就会产生加速度,并以强大之力自动运转起来。由此,飞速前行,势不可挡。

这一模式可应用在我们生活的各个领域。我们只需考虑为了达到目标该做什么,再找出每个小项之间的关联点,并将其结构化即可。无论是就业、创业,还是学英语,方法都是一样的。假如你有想做的事情,就罗列出做这件事所需要的步骤,再践行即可。那么,从某一瞬间起,速度就会加快,成功的概率也就自然提高了。

倘若能实现如此明确的结构化,你的日常生活也会形成"惯例",而这种"惯例"则会有利于你更加高效地利用时间。如果此刻的你正被烦恼与担忧折磨,那么现在就应尽快摆脱那片沼泽,立刻着手构建一个能让自己行动起来的结构化导图。正因我们天资平平,所以为了在这一激烈竞争的世界中占据一席之地,必须着手进行这项工作。

幸运笔记

实现YouTube频道成长的结构化作业

- 你的目标是什么？（YouTube 频道成长运营）
- 为了达到目标，用能想出的关键词罗列出你需要做的事。

（策划、选角、拍摄、嘉宾、剪辑、音乐、棚内布景、观看次数、上传、广告、设计、文案、字幕、评价）

- 在以上罗列出的关键词中，确定优先顺序。

序号尽量不要超过 7 个，数量太多会导致速度放慢。

序号	模块	具体问题
1	策划	①大众性：视频内容是大多数人感兴趣的吗？ ②创意性：视频内容能让人产生兴趣吗？ ③排斥感：视频内容是否会引发某些负面的社会效应？
2	选角	①专业性：备选嘉宾是否具备相应的专业知识与技能？ ②认可度：备选嘉宾是否为知名度高、在社交网络上受到高度关注的人？ ③表达能力：备选嘉宾的表达能力是否与视频内容的专业性一样出色？
3	拍摄	①棚内布景：拍摄棚内布景做得如何？ ②拍摄器材：是否配备了符合采访要求的摄像机和扩音器？ ③拍摄画面：拍摄画面是否符合要求？
4	剪辑	①画面剪辑：对于视频中需要删除或保留的画面，是否做出了正确选择？ ②背景音乐和效果：是否保证了视频配乐所需要的时间？ ③字幕：字幕是否带给观众舒适的观看体验？
5	上传	①封面：是否采用了能吸引人们点击的文案和图片？ ②内容描述、标签搜索：是否使用了适合引擎检索的关键词？ ③上传时间：是否设置了让更多人可以观看视频的时间段？
6	评价	①浏览量：这是很多人都观看过的视频吗？ ②公开点击率：这是点击率高的视频吗？ ③平均观看时长：这是观看时间长的视频吗？

幸运笔记

为了目标而结构化

● 你的目标是什么?
● 为了达到目标,用你所能想出的关键词罗列出你需要做的事。
● 在以上罗列出的关键词中,确定优先顺序。
序号尽量不要超过 7 个,数量太多会导致速度放慢。

序号	模块	具体问题
1		
2		
3		
4		
5		
6		
7		

你需要的是长枪,还是盾牌?

是"取长",还是"补短"?

很多人一定有过这样的苦恼。盖洛普公司推出的"克利夫顿优势识别器"[1]在线才干评估测试系统多年来的调查结果显示,能够认清自身优势的人才是最有能力的人。然而,比起增强自身优势,大多数人把大量时间都耗费在了弥补自身劣势上。如此一来,大部分学生的履历或能力实现了平均化,以至于费尽九牛二虎之力进了大企业,结果还是未能摆脱一介上班族的平凡生活。哈佛大学商学院教授扬米·穆恩所著的《哈佛最受欢迎的营销课》(*Different: Escaping the Competitive Herd*)一书中,有下面一段话:

"当你用图表来确认自身竞争力时,会发生一些意料之外的事情。所有参与竞争的人都只试图弥补自身劣势。其原因在于,即便在优势项

---

[1] 克利夫顿优势识别器(Clifton Strengths)是盖洛普公司开发的一个在线个人评估测试系统,背后的理论是每个成年人都拥有一定数量的、固定的、普遍的个人性格属性,并将其定义为"人才主题",认为个人倾向于更容易地发展某些技能,并以可持续的方式在某些领域中脱颖而出,而在其他领域却未能或无法保持成功或高效率。人们应该专注于建立优势,而不是关注弱点。——译者注

目上获得绝对高分,也极难摆脱想要弥补自身不足的诱惑。如今大多数企业皆是如此,结果与企业的初衷背道而驰,员工的个性被掩盖,工作环境变得越来越普通。"

由此,无论是人还是企业,几乎都在倾尽全力弥补自身劣势。只有极少数人在努力增强自身优势。最后的结果便是,大多数人的能力变得相差无几,只有极少数人拥有他人无法媲美的个人能力。

我也有劣势。我从小就讨厌英语,成绩自然也不好。第一次托业分数处于起步阶段的220分~230分。在那之后,我又接连考了几次,成绩也无明显提高。因此,我也就彻底放弃学习英语。放弃学习英语对于求职的应届毕业生而言,是个致命的弱点。因为这意味着他们在履历初筛时就会被淘汰。在英语不可或缺的当时,放弃学英语绝非轻而易举就能做出的选择。

然而,我若是把大量精力与时间都耗费在无提高可能的英语上,恐怕连一个普通人都比不上。于是,我放弃学英语,把大量时间投入增强自身优势上。自此以后,背水一战的努力从未停歇:我参加过无数大赛,并屡屡获奖,毕业时还获得韩国"总统奖"。无数的经历让我出人意料地进入一家外企工作;培养出来的策划、写作、演说能力也让我成为有7部专著的作家,并依靠YouTube个人频道"金作家TV"拥有了180万名订阅者。如果我为了弥补自身不足而一直苦学英语,绝不会成为今天的我。

当采访奥运会金牌得主时,我明白了一点。那就是世界顶级选手也是人,也会有劣势。与此同时,我还明白了"再怎么努力也不可能将劣势转为优势"和"唯有培养出个人得天独厚的优势，才能以它为武器在竞争中获胜"的道理。一位运动员曾说："只专注于弥补自身劣势，结果连优势也会变得平庸无奇。"当然，有些劣势必须要在某种程度上弥补，但也要懂得适可而止，拥有"果断放下"的勇气。否则，从力图把劣势转为优势的那一瞬间起，大部分运动员便沦为二流选手。若想成为世界级选手，必须有一个压倒性优势。假如把能让自己的"长枪"磨得更锋利的时间用在制作"盾牌"上，你的"长枪"将无法穿透对方的"盾牌"。

　　对于时间不够的我们来说，以增强自身优势来代替弥补劣势，才是切实可行、有理有据的战略。如果既能补"短"，又能取"长"，使其成为你的专属武器，那多完美啊！然而，运气却不会让我们熊掌和鱼兼得。最后，个人必须做出选择，即选择你的努力方向。你会如何选择呢？

幸运笔记

现在你所拥有的"长枪"是什么?

- 写下你所拥有的三大优势。
- 并写出能把这些"优势"变为"强项"的方法。

序号	优势	把优势变为强项需做的事
1		① ② ③
2		① ② ③
3		① ② ③

让世界站在你这边的说服力

人生虽是一系列的选择，可仔细一想，有些选择往往并非源自自己，而是来自他人，尤其是你想拥有什么或者想做成某事时，情况更是如此。因而，为了吸引好运，你首先得学会如何去说服他人。假如没有人站在你这边，好运随之而来的可能性也较小。那么，若想说服对方，你需要做什么呢？

首先，必须站在对方的角度去思考。说服对方的关键在于"谁来做这个决定？"。正如前文所述，大多数情况都由对方来做决定。餐厅由顾客选择，航空公司由乘客选择，求职者由面试官来选择。譬如，应届毕业生在求职时对面试官说："如果有幸通过面试，我将把一腔热血都献给公司，尽全力去做。"这句话就是站在自己的角度去说的，而非面试官的角度。对于面试官而言，比起"这个人有多热切"，更重要的是，"这个人在进入我们公司后能做出多好的成绩"。

为了被对方选择，我们应站在对方的视角来看问题。然而，忽视这一点的人比想象中的要多得多。他们迫切希望自己能够被选中，对方的立场根本不在他们的考量之内。如果对方握有某种决策权，就应抛弃一切都从你出发的思想。坐在谈判桌前，只有化身为对方，才可能知道对方想要的是什么。

其次，在理由和实际利益中，必选其一。我在大学毕业时为就业做了充分准备：有17次大赛获奖经历，曾远赴中国、乌兹别克斯坦、尼泊尔等国参加海外志愿者服务活动，有过3次在国内企业和外企实习的经历，毕业时获得过"总统奖"。即便如此，就业依然困难重重，原因是被地方大学这一出身拖了后腿。因此，在进入一家好公司工作后，我马上出版了《没有翅膀，所以努力奔跑》一书。这是一本关于如何在重学历的韩国社会中突出重围的生存指南。之后，我回到母校，拜访了校长，用10分钟的时间阐述了为什么师弟师妹们需要读这本书。

"上大学的时候，我比任何人都努力，最后终于进入了人人都想进的外企。后来我收到母校众多师弟师妹发来的电子邮件，他们在信里倾诉自己的疲惫与痛苦。

"'师兄，我们学校真的有发展前途吗？ 每次在朋友面前提起学校的名字，我都会觉得低人一等。''师兄，从我们学校毕业也能进入好公司吗？愁得我睡不着觉。''师兄，我在开学典礼前一天大哭了一场，学校都没去，被我们学校录取真是太丢人了……'

"这些话听着真的让人既惋惜又难过。现在您肯定跟我的心情一样。因此，我认为那些因上了我们学校而感到丢人的学生需要一本书：一本能消除他们自责的书；一本能给予他们希望的书，让他们认为纵然是从我们学校毕业，也能进入好公司；一本能获得强烈自我激励的书。

"这是一本蕴藏如何在重学历的韩国社会突出重围、实现逆袭的生存指南。我认为它一定能给正承受着学历压力的学生们带来更多的正能量，因为他们与我同处一个起跑线。假使师弟师妹们能通过这本书，消除受害意识，摆脱自责，进而努力过好学生时代，找到好的就业机会并实现梦想的话，那不就正是我们学校跻身名牌大学行列之路吗？"

我所说的话引起了校长的共鸣。在 10 分钟的面谈结束之后，校长决定购入 1000 本书。在未花分毫营销费用的情况下，1000 本书销售一空，因为我给了校长一个不得不买的理由。

哪所大学能拒绝这样的提议呢？我想问你，如果你是大学校长，果真能拒绝吗？

同样为了这本书，我给主管就业的雇佣劳动部部长、主管教育的教育科学技术部部长，各发了一封电子邮件，内容如下：

"以 20 岁考取的大学去决定一个人的人生，纯属无稽之谈。要是我们的社会也能给那些未能毕业于名牌大学的孩子一个机会就好了。"

靠这封信，我得以与两位部长单独会面，并向他们讲述关于学历的现实故事。他们为何在如此忙碌的日程中，为我这样的新人作家留出宝贵的时间呢？我能给他们带来什么实际利益吗？当然不是。现在回想起来，其中可能有部长对 30 多岁青年抱有的同情之心，但可以肯定的一点是，我拥有一个让部长无法拒绝的理由。

当《100 位人事主管的秘密录音记录》一书出版时，我仅有一个理由。尽管这本专为求职毕业生而写的书好不容易才得以出版，但毕业生却因忙于学业或实习而无暇看书。因此，我萌生了一个想法，应该让正在军队服役的那些预备求职的毕业生看看这本书。于是，我立刻给国防部部长写了一封信。

"我在军队的时候,最担心的事有两件:'对在部队之外的家人和恋人的担忧与思念'和'对自身今后发展之路的不安'。最近军营文化开放很多,第一件担心的事情似乎已得到解决,士兵们能通过社交网络与家人交流。互通电话和休假也在某种程度上缓解了士兵的担忧与思念。然而,对自身今后发展之路的不安感却被逐渐放大。如今就业越来越难,可在军队里能做的事情并不多。

"对于现在20多岁的年轻人来说,就业已成他们当前最刻不容缓的课题。我出版这本书就是为了帮助他们解决这一难题。我希望通过与100名人事主管直接面对面交流而获得洞察力,来减轻那些站在就业这一关口前、比任何人都焦虑的士兵的心理负担,并希望所有军人不要把服兵役视为'丢失的时间',而是将其视为'成长的时间'。"

除了国家元首外,韩国军队中拥有最高军衔——大将的军人仅8位。他们分别为陆军参谋总长、海军参谋总长、空军参谋总长、联合参谋议长、韩美联合军司令部副司令官、陆军第一和第三野战军司令官、陆军第二作战司令官,再加上无军衔的国防部部长,都收到了这封信和书。

说服大学校长时,我的目标是2万名大学生,但这次的对象却是国家军队的60万名官兵,需说服的对象范围比之前大得多。为了打开好运之门,我不是给一个人,而是给八个人都写了信——这是颇具开创性的一个举动。结果,几个月之后,这本书成为"阵中文库"[1]当年入选的

---

[1] "阵中文库"属军队用语,它指的是韩国国家军队的部队图书馆、图书室或生活馆书架上陈列的书籍。——译者注

15本书之一，售出1.3万本。虽然我所做的只是发送了两封信而已，但其中都包含着一个让人无法拒绝的理由。

然而，比起这样的理由，能发挥出更大威力的是实际利益。我曾通过采访30位高考满分[1]者出版了一本讲述学习方法的书——《第一名不会像你那样学习》。为了宣传这本书，我希望得到新闻媒体的书评，为了达成这一目标，重要的是"要给哪位记者发电子邮件"。一般出版社或作家会把书寄给新闻媒体的文化部负责出版事宜的记者。不过，我认为应该联系的是那些撰写升学考试或教育相关稿件的记者，所以收集了他们的邮箱地址。当然，还因为撰写这一领域稿件的人都会对这类主题的书籍有更大的兴趣。

实际上，这本书所涵盖的内容对负责教育类的记者来说，更有利可图。简而言之，我就是向负责撰写升学考试新闻的记者提供了"第一本分析30名高考满分者的书"这一新闻素材。不出所料，我的判断是正确的。一篇关于介绍这本书的报道连续两天成为"社交网络上分享最多的新闻第一名"，这本书自然也就成了畅销书。

如此类推，在理由和实际利益两者之中，你必须择其一。若是理由充分，纵然无实际利益，对方亦难以拒绝；若实际利益丰厚的话，对方则不得不选择接受。

我们都在出售东西。"出售"一词虽不中听，但事实的确如此。咖啡店老板出售咖啡，YouTube博主出售视频，上班族出售自己的时间。

---

[1] 韩国高考考题全部为客观题，即选择题，故有高考满分学生。——译者注

然而，许多人因心情过于迫切而未能站在对方的立场上考虑。也就是说，只有打动消费者的心，才能卖出你想要出售的产品。

到此为止，我最想分享的是说服的艺术。在说服对方之前，首先要准备好一件事，那就是无论在何时，至少先得说服自己。制定的战略和营销内容，应让自己认可。正如之前谈到的，当出版就业相关的书籍时，你觉得它是如何被国防部"阵中文库"选中的？

也许在看过那本书的 8 位高级将领中，有一位曾要求相关部门审核那本书。我所能做的也就仅限于此了。凭借我的好运和努力，那本书才能出现在"阵中文库"负责人的办公桌上。书中的内容让我有了"当负责人一看到书，就会选它"的自信。在自己被百分百说服以后，我才把计划付诸于行动，并测试了自己的运气。

我们都依靠说服别人而活。早上起床时要说服妈妈，在公司时要说服职场上司，在交易时要说服客户。然而，在说服他们之前，我们需提前做的事情只有一件，那就是说服自己。在说服别人之前，至少要先说服自己，只有这样，我们才能拥有毫不动摇的执行力。

唯有跳出既定框架，才能看到真正的答案

人生在世，很多时候难免会跳不出既定框架。

2021年，火遍YouTube的是人气网综《金钱游戏》。《金钱游戏》是一档网络综艺节目，总奖金约4.8亿韩元。该节目的规则设置是8名玩家被留在规定的拍摄现场，进行为期14天的生存游戏，并最终决出胜负。YouTube个人频道"逻辑王传奇"的博主是其中一位玩家，在赛程的第八天最先被淘汰。最终获得比赛冠军的两人分别获得7500万韩元的奖金。如果仅从这一点来看，"逻辑王传奇"频道博主并非优胜者。然而，随着《金钱游戏》节目的开播，玩家之前的矛盾日趋白热化，反而生存到最后的两位玩家所运营的频道订阅者数量出现了下降趋势。

原本订阅人数仅为11万的"逻辑王传奇"频道在该节目播出之后，一个月内订阅人数就突破了100万，在YouTube收看频道直播的人数高达38万，在该时段收视率位于前列。据推测，这个频道博主那时一个月的收益至少有1亿韩元。尽管他在《金钱游戏》中率先出局，但他赚到的钱却远远多于冠军。同时，这些钱不是一次性给的，而是定期入账的。

大家不觉得很神奇吗？为什么《金钱游戏》中第一个出局者成了最大赢家？有几位玩家被困在《金钱游戏》的既定框架中，为了在比赛

中生存下来并获得奖金,他们拉帮结派、分配奖金的样子都被记录了下来。诚然,他们赚到了节目组允诺的钱,然而,在这个既定框架之外,还存在另一个世界,并且那个世界更为广阔。仅在韩国,就有数以万计的人观看了《金钱游戏》,真人秀不是电影或电视剧那样的假想世界,他们在屏幕后的样子就是本人在现实世界中形象的延续。

因而,无论是在拍摄过程中,还是在拍摄结束后,都给人留下好印象的人才是真正的优胜者。《金钱游戏》的优胜者终究置身于《金钱游戏》之外的现实世界中。倘若玩家重新思考自己通过这个节目真正想要获得的是什么,可能过程会大不相同。但是,在被《金钱游戏》中的14天生存游戏和4.8亿韩元奖金这一既定框架束缚时,大部分玩家的目标就变成生存下来和获得奖金。他们未能考虑到在《金钱游戏》这一既定框架结束之外,节目播出时的现实世界。

其实,既定框架是个十分可怕的东西。25岁后,在那段比任何人都努力生活的日子里,我偶然间看到了国会招募61名韩国国民代表的公告。这是为纪念"制宪节"[1]而出台的方案,代表由世界著名设计师李相奉、奥运会柔道金牌得主崔敏浩等30位在社会各领域为国争光者和31位普通国民组成。我想成为普通国民代表中的一员。

我仔细研究了招募公告和申请格式,其中有"个人基本信息"填写栏,另外还有"为什么自己应被选为61位国民代表之一"的简要自述栏。

---

[1] "制宪节"是韩国节日,是韩国政府为纪念1948年7月17日制定并颁布《宪法》而指定的庆祝日。——译者注

在这一既定框架中，想要展示出与众不同并非易事，因为可能有成千上万的人申请。我怎么也想不出仅以500字、1000字就能脱颖而出的方法。因此，我认为自己应跳出这一既定框架的束缚，如果在此框架之外，有可以使用的"武器"，我一定能获得机会。正当为如何走出既定框架而愁眉不展时，我在公告某个不起眼之处发现了一个印刷得极小的电子邮箱。

"就是它了！"这一想法在我的脑海中闪过。公告中虽说要遵守基本格式，却无其他特别要求事项，应该没有人会想到用电子邮件去展示自己，所以在填完基本内容后，我制作了一份20页的PPT用于自荐并发送了过去。在PPT中，我详细地阐述了自己必须成为61位国民代表之一的理由。过了半个月左右，我接到了来自国会的电话。

"您是金度润先生吧？您被选为韩国国民代表成员之一了。"

"啊，真的吗？我能否知道自己为什么会被选中？"

"您把必须被选中的理由做成了PPT，用电子邮件发给我们，只有您一人这样做。"

当我从国会议长手中接过任命书，一起拍合影时，联想到了自己所创造的好运。一言以蔽之，核心就是要换位思考，在既定框架之外找到答案，从而创造好运。也许有人会说"就这样啊？"，可这种换位思考不正是所谓的"哥伦布竖鸡蛋"[1]吗？知道后觉得简单，但光靠自己很难想明白。

---

1 "哥伦布竖鸡蛋"的故事告诉人们，即便是极其简单的事情，也需要有人去发现和证实，站在那里指手画脚毫无用处，关键在于创新。——译者注

为了充分发挥这种换位思考的效力，我们要打好扎实的基础。换位思考绝非是一种单纯的窍门或寡廉鲜耻的手段。例如，无视国会所要求的格式，只顾自己而随意提交PPT就能让我获得机会吗？跳出既定框架很重要，不过一定要在打好基础这一前提下去尝试。如此一来，你就会惊奇地发现，好运已悄然而至。

我们在说"运七技三"时所忽视的

我们常说"运七技三"[1]，即所有的事情运气占成败的七成，努力占三成，意思就是如果没有好运相伴，就难以成事。我虽然同意这种说法，但更倾向于把两者调换一下顺序。来听听与我持相同看法的 AEON 投资公司朴胜进代表所说的故事吧。

"运气是占七成，但顺序应改变。不是'运七技三'，而是'技三运七'，'技三'要放在前面。当然，仅凭'技三'所能达到的高度是有限的。实力并非不重要，但不能只靠它。假如是有实力且努力的人，纵然经历了一两次失败，最后肯定也能实现某种意义上的成功。以投资为例，如果你想成为拥有数十亿韩元的富翁，只要努力便能实现；而想成为拥有数百亿、数千亿、数兆韩元的富翁，若无好运相随，绝对是痴人说梦。要想成为大富豪，就必须得有好运相伴。

"一直到 2000 年，我对理财也丝毫不感兴趣，之前一直都是妻子拿着我的工资，自己做点投资。我们买了一套房子，那是位于木洞的公寓，2001 年房价涨了很多，我们在 2002 年就把它卖掉了。当时正处于 IT

---

[1] "运七技三"即七分天注定，三分靠打拼。——译者注

行业泡沫破灭之时，故也正是股市兴起的黄金时期。多亏有了卖掉木洞那套公寓的钱来作起步资金，我们才能在黄金时期进行投资。

"我在2004年和2005年通过股票投资赚得最多，但如果没有起步资金，收益会大大缩水。运气好所占的成分肯定是有的，可要是没实力，即使运气再好也无用武之地。因此，我才想说'技三运七'，并且从以往回顾至今，我的人生轨迹好像一直都是这样的。"

在股票投资方面，能击败市场的人不过寥寥。如果市场本身低迷，任你实力超群也难以盈利。假设这个世界的所有事情都能完全按照自己的计划顺利进行，那就可以说100%都靠自身实力。然而，我们的生活实际上可能会因一件微不足道的事情而发生翻天覆地的变化。

商界亦如此。如果问已经登上事业顶峰的人，这一切是否均源于自身的努力或实力，他们也无法轻易给出答案。因为为了登上顶峰，他们遇到过无数竞争对手。在这些对手中，肯定有比自己更出色的人，却不知是何原因，最终是自己站到了顶峰。因而，如果说自己是全凭努力或实力登上顶峰的，就会有一股说不清道不明的尴尬。

生活中某些时候，可能会出现你比曾让自己相形见绌或真心尊敬之人更成功的情况。由于清楚地知道有许多比自己优秀的人，故在成功人士中，几乎没有人会否认好运的存在。如果问他们运气在成功中占几成，他们会说至少占一成。这也并非是说仅凭那一成运气就成功的，而是说多亏有了那一成才能获得成功。如此说来，运气对于期待成功的人来说，属必备之要素。

显然，我们无法随心所欲地去掌控时代所赋予的福运，所以，我们只要做好自己分内之事便可。坚持不懈地努力能够让我们先拥有自己所希望具备的实力。只有先打下"三成"的基础，剩下的"七成"好运才会随之而来。

奥运金牌得主也曾说过类似的话。即凭借自身努力被选入国家队是有可能的，可要想获得金牌，就必须有好运相伴。这也许就是每当奥运金牌得主被问及如何获得金牌时，大多数人都以"运气好"来作答的原因。能进入奥运会决赛就意味着无论是谁获得金牌都不会觉得奇怪，因为运动员之间的技术通常没有特别大的差距。然而，最后的结果却是有的人脖子上挂的是金牌，有的人挂的是银牌。

可能听上去好像运气更重要，但前提是在你已具备了进入决赛资格的时候。再强调一次，只有具备"技三"时，"运七"才会发挥效力。运气可能比技术更为重要，然而，顺序却是"技"在前。

以7000万韩元作为起步资金并成为坐拥200亿韩元资产富豪的第一代"超级蚂蚁"金正焕代表，也对"运七技三"做出了另一番重要解读："'运七技三'这一说法在表面看起来'运'和'技'是加法，可实际上是乘法。"

"也许有人天生运气就不太好。可越是这样的人，就越要培养自己的三分实力。'运'和'技'不是做加法，而是做乘法。所以，即使只专注于实力训练，其最后的总和却比本人想象中的要大得多。反之，假使只相信与生俱来的好运而忽视那三分实力，最终，原有的好运也会消失殆尽。

"愿我们都能成为好运相随之人。尽管命中注定你会走运，但只有我们靠后天努力把它变为自己的好运时，它才能真正闪闪发光。那些所谓的由生辰八字所决定的命运都是可以改变的，这是因为时代在变，原本所谓的不吉利的生辰八字会随着时代、环境的变化而变为吉利的生辰八字。"

可以把运气想象成车钥匙。当被问及车钥匙在汽车中的重要性占几成时，没有人会说超过一成。然而，若无车钥匙，车就无法启动。不过，由于那"只占一成"的说法看似有趣，听起来也轻而易举，所以大家都在等待好运到来，而不是烦恼真正需要的九成。虽然运气这一"车钥匙"是必需的，但在之前得准备好能插入车钥匙的汽车才行。如果你已经拥有了"造车"和"驾驶"这两项技能，那么总有一天，你会手持能让汽车发动的"车钥匙"。这也就是我们需要做的事情：接受天赋之命，创造自己的人生之运。

第四章

日

常

No.4

Lucky

回归日常的命运之轮

◆
如果人的平均寿命是80岁,
我们的一生就有29200天。
换句话说,一个人的一生由29200块拼图构成。
一块放错位置的拼图,
会给其他拼图带来招致错位的厄运;
一块放对位置的拼图,
会给其他拼图带来找对位置的好运。
那么,属于你的那块"拼图",有着怎样的一天?

只增加机会数量,就只能原地踏步

倘若你问我,如何才能成功?作为自我提升方面的专业人士,我只会告知两点,即人的成功取决于机会数量和抓住机会的概率。绘制一个图表来说明的话,如下图所示。

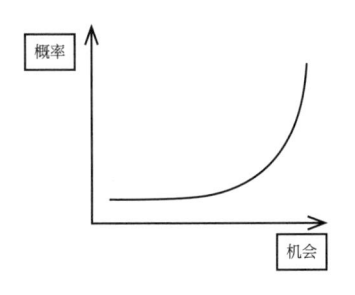

图 4.1 机会概率

以毕业生为例,他们首先要向无数企业投递简历,获得更多展现自我的机会。然而,漫无目的地盲投、乱投,只是在走形式,无法提高命中概率。他们不能单纯地投简历,而需要去提升个人实力,才有望提高就业概率。

假设你是一位自己创业的餐厅老板,你会怎么做?在开业初期,发现开了一家新餐厅的顾客会带着好奇心进来；过往行人、附近的居民等顾客也会进来，这便是增加机会的好时机。可是，要是顾客每次来都不满意，说不定餐厅连给顾客品尝食物的机会都会在某一天突然消失。

经营一家餐厅，关键在于对新、老顾客的管理。除非是颇具特色的网红餐厅，否则餐厅 90% 以上的顾客都是附近的上班族或居民。他们来到餐厅用餐后觉得味道不怎么好，但周围又没有其他更合适的去处，他们可能下次还会来尝试其他菜品。不过，如果那时味道仍不怎么样的话，这家餐厅还会有下一次机会吗？故而在顾客彻底放弃餐厅之前，不管是味道还是服务质量，抑或是装修风格，你得至少改变其中一个，为的是必须抓住现在前来用餐的顾客。

再来说说 YouTube。我的 YouTube 账号拥有 180 万订阅者，询问我关于个人频道运营类问题的人不在少数。诚然，频道无法成长的原因有很多，可绝大部分都是订阅人数和观看量偏低。每次遇到这样的问题，我都会说下面这段话：

"如果你之前上传了约 100 个视频，即便无人问津，也意味着机会已足够了。今后要想加大被观众选中的概率，就得做出些改变。要么换摄像机，要么换封面，或者换视频剪辑手法，反正得有改变之处，以便制作出与现在有所不同且更好的视频。否则，你的视频观看量永远也无法增加。"

听完这段话的 YouTube 博主总是这样回答："等到订阅人数增多，或者观看量增加时，我再换个摄像机试试。按照现在的频率上传视频，创造出更多机会，说不定会渐渐好起来呢。"

这种做法肯定不可取。事实上，若是你的频道发展顺利，根本就没有改变的必要。这意味着人们喜欢现有的视频。正因为现在上传的视频观看量不理想，我才说要在某些方面进行改善，以此来加大被观众选中的概率。要是你依旧故步自封，我也无话可说。

结果，他们大多数人仍然按照之前的方式运营频道，果不其然，观看量仍持续走低，到最后，大部分频道被迫关闭。他们所需要的，不仅仅是单纯地增加机会数量，而是加大能真正抓住机会的概率。令人惋惜的是，随着未被选中的次数逐渐增加，机会就如下图所示，不可避免地逐渐减少，以至于到后来连能够挑战的机会也消失了。我们必须清醒地认识到一个事实：只有加大被人们选中的概率，才有可能增加机会。

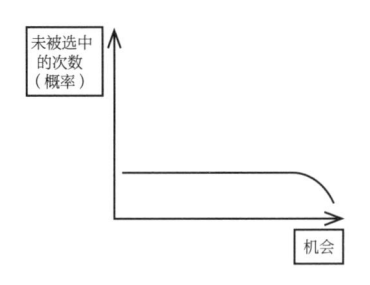

图 4.2　机会概率二

这对于企业来说会有不同吗？衡量企业经营成果的著名评价指标

之一便是投资回报率[1]。这一概念的计算方法是用企业的纯利润除以投资总额，或周转率乘以利润率。如前所述，如果说增加"机会数量"相当于提高周转率，"抓住机会的概率"就相当于提高利润率。唯有努力与个性化元素有机结合时，投资回报率才可实现最大化。

曾几何时，诚实是人们最看重的美德。日出而作，日落而息，诚实劳作，便能自然而然过上幸福生活。如今，时代变了。21世纪需要的是"智能化诚实"，单一的重复劳作再也无法让人在社会上立足。之前提到的那些YouTube博主所存在的问题，不仅包括频道运营不顺利，还包括他们打着"要一步一个脚印、循规蹈矩"的旗号，反复做着同样的事。如果事情进展不顺利，请务必把你手中的东西全部推翻重来，一个一个去改变。

走出象牙塔后，你必须直面社会，必须面对一个实战的世界，它不会给你演习的时间。我们这个社会中的竞争并不轻松，人们对待失败亦不宽容，希望大家不要把"失败是成功之母"这句话百分百当真，因为在现实世界中，那些失败次数太多的人，连机会都是很难得到的。

---

[1] 投资回报率（ROI）是指通过投资而应返回的价值，即企业从一项投资活动中得到的经济回报。——译者注

绳锯木断,水滴石穿

什么场合会每4年对努力进行一次评价,而且是最严格的评价?那就是奥运会!世界上最优秀的运动员为了登上奥运会的最高领奖台,在4年间挥洒热血与汗水,为比赛而准备着。奥运会的一场比赛就能一锤定音,因此所有运动员都奋力拼搏、竭尽全力。我曾经采访过一位奥运选手,他所付出的努力连上苍都为之动容。他就是在2008年北京奥运会上获得柔道60公斤级金牌的崔敏浩。在雅典奥运会上获得铜牌之后,他曾度过了一段艰难的时期。那么,他是如何熬过这一段艰难时光,挺到4年之后的北京奥运会呢?我与大家分享一下他当时给我的答案。

"我唯一可以依靠的就是妈妈,她对我说:'你必须无条件忍耐,必须努力。'我认为这就是唯一正解,所以不停地训练,训练强度大到连国家队运动员都会觉得厌倦。我当时以为只有这样才能拿到金牌,于是不停地折磨自己。其实,不管怎么强迫自己,也应适当休息后再继续训练,可我却连一点停下来的时间都没给自己。

"我对自己说:'绝不能停下来。'就算休息一小会儿也要做做俯卧撑,去洗手间也要蹲跳着去,做其他事之前要做100次下肢运动,吃饭时要手握握力器，运动时要比其他运动员提前 30 分钟开始、晚 30 分钟结束，入睡后要在凌晨 3 点 30 分起来做 100 个俯卧撑。

"走上柔道这座独木桥，感觉自己每天都站在悬崖边。我怀着没有退路的想法拼了命去运动，甚至休息时间也让我极其难受。现在回想起来，那时我好像已经疯了，虽处于崩溃的边缘，却也因那样努力而一直位列第一。

"如果目标未能达成，我就会折磨自己，我觉得我对自己真狠。身体如四分五裂般，内心却无法得到片刻安宁。我晚上 11 点 30 分要进行一个小时的夜间训练，有些运动员也会学我午夜 12 点出来练习。在训练完回宿舍的路上，我看到那些运动员，又哭着折回体育馆去训练的身影。哪怕是练得多到身体都动弹不得，我也狠到问自己：'你真要一走了之？'不对自己狠，是绝对达不到目标的。崩溃到无法自控时，我就靠给妈妈打电话来坚持下去。再后来，累到撑不下去了，我就只剩下'绳锯木断，水滴石穿'这一个想法了。"

从自我管理的角度来看，崔敏浩选手的努力并不意味着一定能拿到高分。不过，他那段时间的努力并没有白费。为了强化肌肉力量，他曾在杠铃硬拉时举起过 230 公斤的重量。当 90 公斤级的柔道选手举起 250 公斤时，60 公斤级的崔敏浩选手举起的是超过自己体重 3.8 倍的重量，这是力压同级别举重运动员极限的重量。

正是由于日积月累的努力，崔敏浩选手在同级别中占据压倒性的力量优势。凭借这一力量和扎实的技术，在北京奥运会中，他从预赛到拿到冠军仅用了短短7分40秒,并且5次以"一本"[1]成绩击倒对手取胜,最终金牌被稳稳地挂在了他的胸前。他的"神力"源于常人无法企及的努力。诚然,参加奥运会的运动员都拼尽全力,然而,在那4年的时间里,每个人滴落的汗珠,必然有着不同的颜色。也许只有那些付出更多努力的运动员的汗珠,才会被镀上一层金色吧!而你的汗珠,又是何种颜色呢?

---

1 "一本"是柔道运动的得分方式。当一方获得"一本"后,即获得该场比赛的胜利。——译者注

失败不断则须改变"投入资本"

若向上抛出一枚硬币,只抛一次,正面朝上的概率有多少?当然是50%;抛两次时,至少会出现一次正面朝上的概率为75%;抛三次时,至少会出现一次正面朝上的概率为87.5%;抛十次时,至少会出现一次正面朝上的概率则为99.9%。

我们把硬币的正面与背面设想成人生中的成功与失败。当我们尝试做某事的时候,一次性成功的概率为50%;尝试做两次,至少有一次会成功的概率为75%;尝试做三次,至少有一次会成功的概率为87.5%;尝试做十次,至少有一次会成功的概率为99.9%。反之,尝试做十次,十次均失败的概率仅为0.1%。

为何现实却并非如此?例如,一位求职的毕业生向十家公司投递了简历,至少应该被一家选中,可为何偏偏次次都落败?如果说挑战十次,至少有一次会成功的概率为99.9%,即便达不到这一概率,至少也该有70%的成功率吧?硬币的正面与背面跟我们人生中的成功与失败不同之处到底在哪儿?

答案其实很简单。虽然硬币的正面与背面出现的概率是相同的,各占50%,但人所拥有的能力却各不相同。

我们以个人履历差异较大的两位求职毕业生 A 和 B 为例来谈谈。A 毕业于首尔某名牌大学,平均学分为 4.3[1],托业成绩为 950 分,有两次大企业实习经历。相反,B 毕业于地方某私立大学,平均学分为 3.8,托业成绩为 700 分,无大企业实习经历。我们假设他们在其他方面处于同一水平线上。

他们就读的大学不同,但两人想进的公司却很有可能在某种程度上有相似之处。由于想进规模大、年薪高的好公司,他们投递简历的公司有很多是相同的。问题就从这里开始。假设各位是人事主管,会选择哪位毕业生?如果他们向 30 家公司投递了简历,不出意外的话,30 家公司的人事主管都会选择 A。与硬币的正面与背面不同,求职毕业生的能力可通过比较来区分高低,无论有多少次机会,B 都很难战胜 A。倘若不使自身所拥有的能力发生变化,最终结果亦不可能发生改变。

然而,许多学生都会把这样的错误——在连投数十家公司都没有成功的情况下,归咎于外界因素,仍不从改变自身能力入手,反而向更多的企业投递简历。他们可能也会因运气好而被其中某家公司录用,那个运气真的算得上是好运吗?它真的是自己一开始就向往的公司吗?它也许是一家根本不在 A 选择范围之内、不被大多数学生看好的企业。

我有过三段实习经历,还做过一段时间的实习生,之后才成为正式职员,我深知找到一份满意的工作有多难。但是,工作再难找也不能病

---

[1] 韩国高等院校实行学分制。根据各高校的不同规定,绝大多数高校毕业生平均学分满分为 4.5。——译者注

急乱投医吧？B在向数十家公司投递简历之前，应先做一些可以提升自己的能力的事情：要么准备插班考试，考进比A的学校更好的大学，或提高托业成绩；要么丰富自己的实习经历，或拿到A没有的资格证，或者把自荐书写得更具吸引力……这才是在能否被录取的求职大战中让运气变得更好的方法。

无论是工作、升职，还是创业，你在某件事上失败了，就该对自己现在所处的位置有清醒而正确的认知，同时为提升自己而努力。你未被录取，并不只意味着自己不够好。对此正确的理解应为：你跟他人相比有不足之处，为了超越他们，你得让自己所拥有的东西发生变化，从哪方面入手都行。我们须清楚地认识到，只有改变"投入资本"，其结果才能发生变化。

为了敲醒沉睡于你体内的好运，你需要做两方面的努力。第一，连续不断地去尝试。为了中彩票，你首先要不间断地买彩票。难道不是得先买了再刮出来看看，才能测试出自己是否有好运吗？同理，不管是参加比赛也好，还是出版书籍也罢，你得坚持去挑战。第二，要为了让好运属于自己而不懈努力。最愚蠢的做法是根本没学过围棋却去跟李昌镐[1]博弈。就算李昌镐再怎么想输给你，你也赢不了，因为你在未做好基本准备的情况下，亲自把"好运之球"踢了出去。与其做出这种稍有不慎便会令自己失败的鲁莽行径，还不如原地不动。我们要在能让自己有大

---

[1] 李昌镐1975年出生于韩国，围棋职业棋手，九段，曾创造多项围棋历史纪录，开创了"李昌镐时代"。

概率成功的地方测试自己的运气。

战争,是等先打赢再去查证,而不是完全依靠运气来孤注一掷,去决一胜负。创造有利于自己局面的过程,便是让好运为你所用的过程。令人遗憾的是,大多数人无法享有幸运,其根源就是未在尝试和不懈努力这两方面来好好下一番功夫。这就好比想中奖却不买彩票,抑或是即使买了彩票,也没在最有利于测试自己是否有好运的地方买。

你是否在竞争中有制胜的独门法宝？

我们为什么需要运气？答案是需要获得某种程度上的成功。可问题就在于成功的位置有限，在竭力坐上成功之位的过程中，充满了激烈的竞争。我们10多岁时面临的是高考的竞争，20多岁时面临的是就业后的生存竞争。生活中，竞争无法避免，纵然我们有千般不愿，也必须学习竞争中的制胜之法。我采访过高考满分者，关于这一问题，他们的回答可能对大家更有帮助。

临近高考，考生们坐卧不宁。对已经进入一触即发应试状态的考生说"不要有压力，放宽心好好吃饭"毫无意义。因为老师或家长不是都按成绩和名次来给学生排序吗？这是一个不争的事实。高考满分者究竟是如何应对如此激烈的竞争压力，最终成为第一名的？在他们所提及的众多方法中，我整理出了对自己触动最大的三种。

第一，比起与他人竞争，更应注重的是自我成长。一位就读于首尔大学人文学院的高考满分者说："我个人认为，放下与他人的竞争，仅把具体分数作为自我目标是最好的，最能体会到满满的成就感。"在现实生活中，抛开与他人的竞争之心并非易事。因为有必须考进前几名的想法，所以你的竞争对手是最能引起你注意的。越是那样，就越要把焦点放在自我成长上,即目标不是与他人竞争,而是在挑战自我中取胜,这样有助于在竞争中笑到最后。

第二,超越竞争本身。一位就读于首尔大学经济学部的高考满分者坦言:"我们学校每个月都会进行一次月考,考完之后,从第一名到第二十名的名单都会公之于众,名次被贴在墙报上。也就是说,同学们的成绩都被公开了。很多同学看到名次都挺在意。说实话,我其实挺开心的,因为我一直都是第一名。在竞争过程中,平息焦虑的好方法就是直接拿第一。"如果你真能做到像这位学生所说的那样,一直名列榜首,不让任何竞争对手有可乘之机,这的确是最佳方法。

第三,不留任何遗憾。一位就读于首尔大学医学院的高考满分者,向我诉说了自己在复读时最后悔的一件事。这位医学生说:"复读时,'去年放暑假那段时间更努力的话,结果会不会就有所改变?'这种想法一直困扰着我,不停地折磨着我,这是最难熬的。为了不在将来某一天,回顾自己现在所处的学生时代产生'我那时该多学一点'的想法,我希望其他学生当下能拼尽全力去刻苦学习。没能实现目标也没关系,至少不应该在那一过程中留下任何遗憾。"

如果现在的你正处于激烈的竞争中,就从以上三种方法中挑选出最适合自己的方法去尝试一下。最重要的是,无论你在竞争中有多疲惫、觉得有多难熬,都不能放弃自己该做的事。前面提到的医学生说:"我的精神状态真的很不好,可是玻璃心跟学习之间不存在必然联系,我常在因焦虑而放声大哭后继续学习。自己内心的痛苦和一整天不学习是毫不相干的两件事。不管我的精神状态如何,每天该做的事都得做。"

这位同学懂得不管处于多么艰难的时刻，都不能忘记自己必须要做的事。每当我感到疲惫不堪时，我都会对自己说："无论疲惫与否，都无需患得患失，做自己该做的事就好。在这一过程中，随着时间的累积，必能克服现在的困难。"

事实上，这也是我早就想对那些因竞争而疲惫不堪的人说的话。

无须因运气不好而灰心失望

我曾询问过博域咨询服务有限公司的崔俊哲代表关于运气的问题。我采访过许多成功的企业家,故而很想知道哪类人会有好运,除此以外,更想知道的是用数字来证明一切的投资界如何看待运气。

我们什么时候会说自己运气好?倘若事情按照自己的计划顺利进行并解决,结果必在人的意料之中;要是在你的计划之外,因偶然事件而出现意想不到的巨大惊喜,那就叫"运气好"。

我们来谈谈乐线韩国股份有限公司的创始人金正宙代表吧。1994年,他在游戏行业相对落后的韩国创办了一家游戏公司。两年后,公司旗下的《风之国度》[1]游戏上市。在那个没有互联网,只能靠PC通讯[2]的时代,开发MMORPG游戏[3],这在很多人看来纯属无稽之谈。我怎么想也想不通:"到底是何等信念值得他赌上自己的人生?"然而,在

---

[1] 《风之国度》是当时韩国国内首款图形MMORPG游戏。——译者注

[2] PC通讯指的是通过数据线将手机与电脑连接,实现手机内的资料与电脑共享。——译者注

[3] MMORPG(Multiplayer Online Role-Playing Game,简称MMORPG)是大型多人在线角色扮演游戏。——译者注

游戏面市的两年后，网吧遍及全韩，这款游戏亦随之成为爆款，风靡全国。后来的某一天，我问金正宙代表："您之前知道会有这样的结果吗？"

他的回答是"根本没想到"。他开发《风之国度》这款游戏的理由极其明确，源于发现了两个契机：一是如果是多人游戏，会不会更好玩；二是内容产业也算是我们国家能出口的东西吧。他在看清了契机后就制订出了个人计划并创办了游戏公司，推出了《风之国度》。这是他全凭自己的努力而创造的成果。可是，一个属于他个人计划之外的偶然事件将他的成功放得更大，那就是网吧全盛时期的到来，可以说是好运从天降。当然，即便没有网吧风靡全韩这样的好运，他也会成功的，但不可否认的事实是，这一好运为他的成功锦上添花。

我也有过类似的经历。我若从20世纪80年代就开始投资股票的话，能否通过价值投资赚到钱呢？答案是否定的。我正式开始投资股票是韩国在遭受亚洲金融危机重创之后。当时有许多便宜的股票，所以对初涉股市者来说是绝好的机会。正是得益于此，我才能获得超出自身实力之上的成果，个人认为应归功于时代赋予的福运。

另外，假如我在2007年创办资产管理公司，也许不久就会倒闭。公司根基本身就不牢固，再加上遇到2008年的全球金融危机，可能难以妥善应对。但是，我们公司在2008年时已有牢固的根基做后盾，故能相对稳定地度过这场危机。实际上，2007年开业、2008年倒闭的资产管理公司不计其数。这种时候我会对那些公司产生双倍愧疚感，因为挺过去后，股市便再次迎来了暴涨。

说实话，我以前并不相信运气，认为一切都要靠自己的努力才能实现。随着年龄的增长，阅历也随之增加，再加上目睹了发生在身边的各种事情后，就觉得并非如此。举例来说，经过长久的努力，你终于开发出了美味的新菜品，开了一家炸鸡店，可要是这一年突然暴发禽流感，谁都对这一现实无能为力。这不是实力问题，而是运气问题，反之亦然。

不过，我更想强调的是，纵然刚开始从表面上看并不怎么走运，你也千万别气馁，要一直坚持下去。哪怕需要一些时间，终究也能取得一定程度的成功。其实，那些真正成功的人，会像印第安人进行祈雨祭时那样坚持到底。带着"我绝不会失败，因为我会坚持到成功"的信念去做，总有一天会到达成功的彼岸。总而言之，战胜运气的方法仅此一个——无论运气是好是坏，都要一遍遍地重复去做，直到成功为止。

突然"走红"之人背后所隐藏的

我们周围偶尔会出现因突然走红而获得巨大成功的人。这并非罕见之事,甚至有些人的人生在短短一年内就彻底改变了。然而,透过其表面现象仔细思考的话,便会发现隐藏在"走红"这个看似简单的词语背后的真相。最近,我亲眼见过这样的人,他就是以"严可爱"这一昵称被大众喜爱的eBEST投资证券的严胜焕理事。

在2020年7月之前,严胜焕理事还是一名普普通通的上班族。他于2020年8月30日首次担任YouTube频道"3PROTV"的录制嘉宾,2020年9月21日又成了YouTube频道"金作家TV"的录制嘉宾。之后,每隔一个月见他,他的名气就上升一些,最终成了韩国股民耳熟能详之人。时隔一年,他在公司就从次长晋升为部长,再晋升为理事[1]。那么,他究竟如何看待运气?终于在某一天,我有幸聆听了他的想法。

"我认为运气就是'准备'。突然走红之人,可能在别人眼中是'运

---

[1] 次长相当于某部门的副职负责人,部长相当于某部门的负责人,进入董事会的被称为理事。这三个职位从大到小排列为:理事、部长、次长。——译者注

气好'，可细细琢磨，会发现人家早已准备就绪。我曾看过一部关于韩国足球运动员孙兴慜的纪录片，他真的是在父亲异常严厉的教育和训练下成长起来的。他日复一日坚持不懈地努力使他练就了扎实的基本功。为了把足球玩转于自己脚下，他每天花好几个小时练习颠球，用肩膀颠、用脚颠。为了不让足球掉到地上，他必须进行几个小时的训练后才能踢球。每天这样坚持训练的话，结果会怎样？必然会在接到球后，球与人完全融为一体。

"孙选手也曾说自己很幸运。在他小时候，德国有一个邀请青少年选手参加德甲联赛的活动，联赛相关负责人带他去参加了。从表面上看，他被选中是因为运气好，但没有做好准备的人是不可能得到这一机会的。哪怕有同样被选中的运气，已准备就绪的人会说：'来，看看我。'未做好准备的人却会说：'怎么回事？'每天不接受艰苦的训练，什么运气也别妄想有。不是说要做什么特别的准备，而是为了抓住好运，平时就要刻苦训练。

"我也不例外，身边时常有好运相伴。2021年1月，我出版了第一部个人专著，当时股市行情极好，甚至创下了历史最高点，书也随之异常火爆，这显然是靠运气。但是，假如我没做那些准备，例如我没有作为嘉宾录制节目，那么就算我在1月出版了新书，也能卖得那么火爆吗？应该几乎都卖不出去，只能放在仓库里吃灰。当时，1月出版了不少股市类书籍，卖不出去的数不胜数。我以前也不知道每天干什么才是重要的，日复一日地做着循环反复之事。然而，每天重复做着的事情累积在一起，就变成了来到我身边的好运。好运也是时机。准备就绪的人，不管是靠人,还是靠什么事情,总有一天会有好运到来。好运虽有早来和晚来之别,但只要一切准备就绪,总有一天能被抓住。

"再进一步阐释的话,我个人认为,为了抓住好运,需做好以下四个方面的准备。

"第一,持之以恒。这听起来像是老生常谈,但是日复一日的坚持是必须的,临时抱佛脚只会一事无成。每天早上我都要做个简单的股市投资综述,证券公司的报告复杂繁多,几乎很难找到能把它们全部读完再进行概述的人。即便是突然想做,要没有一定训练基础的话,做起来并非易事。我是因为已经做了 10 年,虽然会花一些时间,对我来说却并非难事。没有那种坚持,我是不可能站到今天的位置的。

"第二,适应时代的变化。实际上,是现在的股市行情成就了我。随着股市的网络化,大多数人无法再像以前那样仅维持外部客户,必须依靠 YouTube 视频,而我则恰好合适。有比我能说会道却因一站在镜头前就紧张不已而无法发挥水平的人,由于参加过很多次节目的录制,所以我能像平时那样发挥出正常水平。正是我在录制方面已做好了充分准备,才得以很好地适应了外部环境的变化。

"第三,谦逊为人。个人认为大部分人喜欢我的理由之一就是我为人谦逊。我们公司新来的一位专务理事[1]对我说,他问其他员工:'严胜焕理事是一个怎样的人?'他本以为会听到'恃宠而骄'之类的形容词,可问遍了所有人,无一人做出这种回答,反而不约而同地说我'真诚、谦

---

[1] 专务理事是韩国公司中的董事会成员,他们大部分都是公司的大股东。——译者注

逊、待人有礼貌'。

"虽然这样的话从自己嘴里说出来还挺不好意思的，但我始终懂得谦逊为人。最近，身边有很多人说'喂，你红了啊，从现在起是不是该挺起肩膀、高调做人了呀'之类的话。可是，我却不想在与人交往时，以有名与否来区别待人。正因为每个人都在各自的岗位上努力前行，我们这个社会才得以正常运转，这个世界上没有一个人是渺小的。谦逊的品质早已深入我的骨髓，在谦逊为人的同时，好运来到了我身边。

"YouTube知名经济类频道'3PROTV'的金东焕所长邀请我做嘉宾的理由也与此相似。我已有10年电视台节目的录制经验，跟节目组的编剧都很熟，以至于他们提出的那些略微令人尴尬的'临时代班'请求，我也几乎从未拒绝过，我一直就是这样为人处世的。直到后来我才听说，第一个提出邀请我的人并不是金东焕所长，而是'3PROTV'一位以前跟我一起做过节目的编剧。当时恰逢'3PROTV'改版，那位编剧便推荐了我，缘分也就这样促成了。金东焕所长在对我进行评估后，提出跟我一起做节目的想法。从某种意义上说，是我多年来的持之以恒和谦逊为人成就了我的好运气。

"第四，要有属于自己的武器。金东焕所长把早间节目交给我做，让我自定主题。这就意味着我必须准备好一切，若无任何武器可用的话，原本属于我的好运也会为他人所夺。最受股民欢迎的是最新资讯，因此，我每天晚上都要阅读证券公司报告，第二天早上做简要综述。这件事我做了10年，也是我最擅长的。正好做到一周时，金东焕所长说：'非常好，

就这样继续做下去吧。'

"相反,要是我做得不怎么样,也许我也会说'运气差',也会说'这个节目跟我不合拍'之类的话。在 2020 年 8 月我第一次录制节目时,股市正处于调整期,行情并不好。要是我做得不好,可能也会说:'那时但凡股市行情好……'因此,最重要的就是是否准备好。假设我毫无准备,即便股市行情再好,即便收到了'3PROTV'的邀约,也难以把到来的运气转化为自己的好运。

"金东焕所长曾提到'3PROTV'邀请过几位专家,属于那种再怎么铺路也带不火的人。对那类人而言,运气有是有,不过没能将它转化为好运。运气常围绕在我们周围,可它若在你尚未准备好时到来,则将飘向另一处。飘荡在我们周围的运气,会突然在某个不经意的瞬间飘到你的身边,唯有时刻准备好,你才能牢牢抓住它。对我而言,录制'3PROTV'的运气也是突然从天而降的,但我做好了充分准备,于是,我才抓住了这个机会。"

严胜焕理事的经历让我联想到"准备就绪之运能改变人生"这句话。其实,"3PROTV"并不是他第一次参加录制的节目,尽管他已有长达 10 年的电视节目录制经验,但却因收视率不理想而不为人知。然而,他以一贯的持之以恒和谦逊为人去坚持不懈地做好分内之事,最终牢牢抓住了到来的机遇。

严胜焕理事所拥有的武器,并非仅仅上述所提及的那些。他长年在销售组工作,与众多客户打交道,岁月和日积月累的经验让他拥有了"用最简单易懂的语言向个人投资者说明情况"这一武器。他熟知个人投资者的心理并懂得如何安慰他们，这便是源于其自身经历的强大武器。不也正是这种时刻准备就绪的状态，才能让他在全球性大流行病之后，被已发生变化的股市选中吗？

复盘

第五章

No.5
Lucky

你是否在全方位审视自己？

◆
若生活忙碌，
则难以去审视逝去的一天，
以至于降临我们人生中的好运与厄运，
有时甚至都无法察觉。
然而，分辨不出昔日好运与厄运之人，
未来亦可能错失好运，累积厄运。
如何切断厄运洪流？
是否存在改变之法？
逝去的一天虽无法挽回，但若能复盘，
难道不会迎来一个更为美好的明天吗？

人生若可复盘

小时候假期作业中必有写日记这一项。天天写是很麻烦的,所以我总是在假期快结束时随便应付了事。大部分人长大后不愿写日记的理由是否与被强迫的残留记忆有关?我偶尔会产生这种想法:如果在日记本上只写下当天的一个不足之处,从第二天开始努力避免重蹈覆辙,现今又将是怎样一番境遇?我一定会成为比现在更优秀的人。

有为了避免重复失误而进行专业训练的群体,那就是围棋棋手。围棋中有一种稍显特别的文化,名为"复盘"。复盘就是每次博弈结束后,为了分析和评估对局,双方棋手把刚才的对局从头到尾重复一遍。也就是说,围棋对弈结束后,输赢双方会认真讨论"这一步怎么下会更好,哪一着属于'败着'[1]"。要是落棋不慎,下次就得避免出现同样的失误,复盘是提高棋手水平的必要过程。因此,我们在人生中最好也要复盘一番。在复盘的过程中,我找到了属于自己的复盘法。以下便是我总结的三种复盘法。

第一,作为一名作家,我要进行两次复盘。阅读自己的原稿和出版

---

[1] "败着"是围棋和五子棋中的术语,也称"失着""漏着",指导致全局不利甚至直接溃败的错误。——译者注

社编辑审读后的校对稿，分析并比较哪些语句更好，并在此基础上思考能否写出更好的文字。此外，书出版后我会进行二次审阅，再次复核这个句子应不应加上，那个句子应不应删除。

第二，作为一名讲师，我每个月要录制一次广播讲座。录制完成后，我会及时倾听听众的反馈，复核哪些内容需补充得更完整、在哪一部分自己出现了口误等。

第三，作为一名 YouTube 博主，我每天都要监控自己的工作场面。拍摄完后回看视频时，透过屏幕能看到自己当时因略显紧张而忽视嘉宾的表情；还能发现自己在某个点打断嘉宾发言，嘉宾的表情不太好，本应让他们多说几句，等等。另外，要是发现有暴露自己弱点的画面，就对其进行剪辑加工。

令人惊讶的是，在进行这一作业的同时，我意识到自己在日常生活中所暴露出的缺点好像都自然而然地被剪辑掉了。当然，这种感觉虽有可能属实，但我在当时还有更深刻的领悟。那就是大多数人往往站在第一人称视角看待一切。他们相信"'我'亲眼看见、'我'亲口说出、'我'亲耳听到"，导致判断和决定均不可避免地带有主观性。然而，我用摄影器材来进行拍摄，就如同对结果进行复盘。我能站在第三人称视角客观地对其进行复核，固然无法再倒回去重新纠正错误，可是，在反复对自身不足之处进行编辑的过程中，每次都能一点点地克服自己的缺陷从而获得成长。这一思想成果也被应用于现实生活中，让我与其他人的沟通变得更为顺畅。

因而，人生中复盘的关键在于自我客观化。要是我们能从第一人称的束缚中跳出来,并从第三人称视角出发,客观地审视自我,找到自身的失误或不足,下次必定能展现出更为成熟的自己。

有一部给我留下深刻印象的电影,电影中出现了这样一个场面:丈夫为了帮被诬陷犯有杀人罪的妻子洗脱罪名,向自己做律师的朋友求助。丈夫说:"你很清楚,像她那么善良的人是不会做出这种事情的。"律师朋友这样回答他:"我也不认为她会犯下这样的罪行,但请好好看看证据,现在所有罪证都指向你的妻子。你必须在忘掉那个人是你的妻子之后,再试着冷静地做出判断。"那时我的心仿佛被重击一下,突然发现我们所犯下的种种错误,都是因为被困于第一人称视角。等我们懂得站在客观角度去看待周遭所发生的一切时,才能避免重蹈覆辙。

如果我们所做事情的结果均能以具体数字呈现,那就太完美了。可现实生活中,大部分反馈结果都显得模棱两可,诸如"好像做得不错""这个部分看起来不错"之类,以至于听者不同,对这些言语的理解也会千差万别。自信心爆棚之人,会自视甚高;自卑之人,听到对方不确定的话语,会觉得对方仅是出于礼貌恭维几句而已。尽管真实结论可能介于好坏之间,但是这种含糊不清的反馈,不能作为被困于第一人称视角中的我们做出客观判断的依据。

YouTube却别有洞天。在过去的两年中,我制作的视频数量超过了1200个,点击率、观看次数、观看时长等都以精确值被一一罗列出来,为我所制作的东西提供了可进行客观评价的数据,而且没有模棱两可的意见。与此同时,对这些具体数字的最终评价权仍握在我的手中。每个人设定的标准不同,即便是看到相同的数字,有人会下定决心更加努力，也有人会安慰自己已经做得够好了。不过，如此种种，均源于有了具体数字，它能让我客观地确认自己所处的位置，并以此为基础，竭尽全力下次制作出更高水平的视频。

我们对人生进行复盘时同样需要具体数字。在现实环境中实践起来有一定难度的话，就应制订出其他客观评估指标来进行自我复核。只有这样，被困于第一人称视角的你才能摆脱其束缚，也只有在这一时刻，才能让自己每天都有所进步。

他人言语中的你,即映照在镜中的自我

我真不是学习的料。要说成绩不行到什么程度,高中成绩单上国语、科学、体育、美术等科目,连一个"优"都没有。成绩不好也就算了,其他擅长的项目也没有,上大学后的我也毫无变化。26 岁时我手中的证书仅有托业成绩 420 分、驾照、小学和中学全勤奖。即使在学生时代,班长、副班长也从未轮到过我。就这样活了 26 岁,我觉得是时候该做些改变了,也并无特别理由,只因迫在眉睫。

这样的我,想要尝试做某事时,整个世界都会对我说:"你不行。"当我第一次想要向大赛发起挑战时,人们说:"你从来没参加过比赛,奖是谁都能拿的吗?"当我想进外企工作时,人们说:"你连英语成绩都没有,想进外企简直是天方夜谭。"当我 31 岁想要出本书时,人们说:"年纪轻轻、资历尚浅,哪家出版社会给你出书?"当我试图扭转韩国社会"唯名牌大学论"这一错误观念,想要拜访教育科学技术部部长和雇佣劳动部部长时,人们说:"他们很闲吗?那种公务繁忙的大人物为什么要见你?"

这些话既让我觉得新鲜,又让我觉得不近人情。本想试着挑战些什么,可为什么这个世界上的人就非得给全否决掉呢?大家都是好朋友,

就不能多说些鼓励的话吗？曾批评我的人，在过了5年后，没有一个人再对我说"你不行"了。因为我已经把自己之前想要做的事都变成了现实——第一次参加大赛就得了奖，成功进入外企工作，出版了图书，拜访了教育科学技术部部长和雇佣劳动部部长。35岁那年，听到周围朋友这样评价我："一旦定下目标，必会全力以赴去实现，并对其深信不疑。"这全归功于我用行动去实践自己所出之言，并在实践后得到了自己想要的结果。无论是挑灯夜战还是挥汗如雨，我都会对自己说过的话负责。随着时间的推移，由行动而出的结果逐渐累积，我终于得到了周围朋友的认可"嗯，金度润是言出必行之人"。

当我们尝试做某事时，会听到许多说"你不行"的声音。过去我常想："人们为什么会说出这种话？肯定是他们自身有问题，想阻止我爬得更高。"事实上，心理学中也有"螃蟹心理"这一术语，它参照的是一个大桶里装满了螃蟹，一些螃蟹为了防止其他螃蟹逃跑而互相拉扯。人就好像这些螃蟹一样，试图用言语上的攻击来拉倒通过尝试做某事而可能超越自己的其他成员。

诚然，这种情况确实存在，不过，10年来付出艰苦努力、不断挑战新事物的我，对另一件事却领悟得更为深刻。其实，错不在于那些说话的人，而在于当这个世界向我们抛出"你不行"这句话时，它便成为映照在镜中的自我。正因为我们展现给别人的总是一副不成大器的样子，所以才会不可避免地听到"你不行"这句话。整天无所事事之人，突发奇想地说要做什么，别人亦只会当其在空口说白话，只因其之前的一言一行均映入镜中，再以"你不行"这句话来做出评论。然而，当你开始努力和改变、做出成绩时,只会说"你不行"的这个世界也会开始由否定转为肯定,事情自然也会进展得更加顺利,因为他人的支持往往会100%转化为你的幸运。

当我清醒地认识到这一事实时,他人带给我的悲伤、我对他人的怨恨全都烟消云散,而对待新的挑战也变得更为自信。倘若你在尝试某种挑战时,有人对你说"你不行",那就应该想想:是不是你所展现出的样子给他人造成了这种错觉?你是不是那种语言的巨人、行动的矮子?总而言之,不管是"你不行"的理由,还是"你能行"的理由,均源于你自己。因而,必须在人们的话语中鼓起勇气,直面镜中的自己。

现在,让我们来审视一下自己。在"今年我一定要减肥""我要天天学英语"这些目标中,我们到底完成了多少?你若连自己说出口的话都无法兑现,那些话则会渐渐失去令人信服的力量。再问一个问题:你的话是仅说给别人听的,还是蕴藏在行动中的?

幸运笔记

寻找人们对你说"你不行"的理由?

● 在你的目标中,写下人们说"你不行"的那些理由。

※ 如果明白人们说"你不行"的理由并一一得以解决,你想做的事情将会变得更加顺畅。

序号	目标	人们说"你不行"的理由
1		① ② ③
2		① ② ③
3		① ② ③

你是说出激发自身"好运"之言的人吗?

我们平时说出的一句微不足道的话,会成为隐藏起来、影响我们运气的微小力量。我们须知晓这种隐藏之运,因为纵然是微小的东西,但一天天积少成多,最终会变成出乎意料、不容忽视的存在。同时,如果口中之言形成习惯,今后即便想改也改不掉。那么,就从现在开始逐一分析能激发自身"好运"的语言习惯吧!

第一,口出正面之言。你给予他人的正能量终会归于自己身上,难道有人会对给予自己正能量的人嗤之以鼻吗?这种事情极为罕见。令对方喜笑颜开的笑容与回应、处处为对方着想的话语,看似微不足道,但正是这些微小、平时不起眼的运气会随着时间的推移聚成一股异常强大的力量。此外,由于这属于习惯问题,已在个人体内根深蒂固,故与他人交往、沟通的行为即是每天积累运气的行为。不论是正能量还是负能量,你自己撒下的种,终会归于自己身上。因此,要好好回想自己平时的言辞,尽量避免给他人造成伤害。

第二,口出谦逊之言。当你对个人擅长之事进行自我吹捧时,好运就会减半。很多时候,你如果埋头苦干,自然会得到他人的认可,但如果过度炫耀,福气往往会溜走。那么你需要做的仅是等待他人来发现。不要以为自己不说别人就不会知道一样,这个世界并非如此。我们称赞他人时亦为同理。与其在对方面前称赞,还不如在对方不在场时称赞,这样能发挥更大的威力。因为本人在场时所听到的称赞,有可能是善意之语或阿谀奉承之言,可从别人那儿听到自己不在场时的赞美之词,往往会被视为肺腑之言。不必担心对方不在场怎么会知道,毕竟不管在背后说人好话还是坏话,都将随着时间的流逝而浮出水面,这个世界上没有密不透风的墙。

第三,口出创造好运"连接环"之言。比起一个人唱独角戏,善于倾听更为重要。例如,假设某老板在一次会议上,认真听取员工意见并给予反馈,那位员工的自我效能及对职场生活的满意度必然会进一步提升。"原来老板真的在倾听我的意见"这一想法,在成为好运"连接环"的同时,给予员工强大的工作动力。反之,假如员工感到自己不管说什么,都像是在对着墙说一样,好运"连接环"则会断掉。一位人际关系处理得极好的企业家对我说过,无论该人该事多么渺小,不断创造好运"连接环"至关重要。

他直言:"实话实说,那些大企业的会长缺少什么?我能为他们做的少之又少。不过,有一天跟一位会长一起喝茶,他无意间说起自己想当某个电视节目的嘉宾,当时我听得十分专注,正好想起有认识的人在节目组,就顺便帮他跟节目组牵了线。那位会长不但非常感谢我,而且给予我切实所需的帮助。即使一句微小的话语也细心倾听,这就是创造好运'连接环'之法。"

在这一创造过程中,关键是自然。世间一切若能都如"今天我请客,明天你请"这般精打细算的话，好运"连接环"必定消失得无影无踪。个人无欲无求，先为对方着想，给予对方想要之物时，言语与行动便汇集一处，信赖亦应运而生。

第四，口中勿出可有可无之言。台风来袭时，跟其对抗绝不可取。与其像松柏那般坚持，不如像青草那般有能屈能伸之智。换言之，适时低头匍匐以待台风逝去更为明智。然而，很多人往往未能压制住一触即发的情感而将心迹表露无遗。如此一来，原本存在的问题尚未解决，又因个人口出之祸而致问题被放大，结果自己成为被他人攻击的祸根。我自己偶尔也会做出如此失败之举。每当这时，脑海中总会响起"有必要把事情放得这么大吗？"这句话。当生活中遇到困难，与其试图去击倒它，不妨竭力去避免它，可有可无之言会令被厄运附身的你变得苦不堪言。

现在的你，有着怎样的语言习惯？恐怕也是有好有坏。重要的是认识到我们的语言习惯会对自己的运气产生影响，并且能分辨出自己语言习惯中的好坏。如果你能区分出何为好习惯，何为坏习惯，并努力改变它的话，你的运气将会在变得更好的同时，能够阻断任何突如其来的厄运。

研究运气时所得的三种逆向思维

这次提笔写书,我领悟到了一些新东西。由于这些领悟可能会使一个人看待运气的观点有所改变,故在本节稍作介绍。

第一,成功了才可能说"运气好"。未成功的人很难随意说"运气好"这三个字。如果有这样一个人,高中毕业做着并非出于自愿、只能拿到最低时薪的工作,毫无规划地虚度光阴,连大学都不上,能说成"运气好"吗?要想配得上"运气好",哪怕只有高中学历,也得先取得成功才行。

又比如,已将奥运金牌收入囊中的运动员说:"我准备得十分认真,在这次比赛中运气也很好。"获得银牌和铜牌的运动员也可以说自己拥有某种程度上的好运气。可获得第四名的运动员也能说"我因为运气好得了第四名"或者"运气好到连奥运会的奖牌都没拿到"之类的话吗?

最终,"运气好不好"还是跟"成功与否"有关。一旦涉及运气好坏的话题,结果必会受其好坏的影响。例如"我运气好到无法成功"这种话从一开始就无立足点。一个难以忽视的真相便是,唯有成功的人才有资格说"运气好"。因此,我希望大家在各自的领域中都能取得一定的成功。只有成功了,才能拥有说"运气好"的资格,这就是关于运气的第一种逆向思维。

第二，在个人实力不足的初期，好运降临的机会实则更多。坐拥数百亿韩元资产的富豪、被喻为"超级蚂蚁"的注册税务师李正允先生曾讲过一个关于运气的真实故事。

"在股票投资初期，运气似乎起着更大的作用。选对一只股票，就能以小钱赚大钱，怎么能说没有选择之运？我就有过这样的经历：在10只股票中举棋不定，最终选定的那只成了涨停板[1]，甚至连续5个涨停。能选到这样的股票，纯粹是运气使然，凭我当时的实力，绝对不可能做到。那时我做得最正确的一件事就是，当看到自己选择的股票两倍、三倍地上涨，并没有误认为那是自身实力，反而萌生了'原来努力就有可能成为有钱人'的想法。因为承认好运相伴，也就有了一个加倍努力的理由。

"其实，现在好运降临的机会并不多，原因在于已达到了某种饱和程度。比起运气，能发挥更大影响的是自身的实力，毕竟运气的影响力不是在成功之后，而是在成功之前，即对成事之初影响重大。随之而来的便是，你无法掌控的幸运比重日趋减少，你所能掌控的实力比重日趋增多。然而，等过了某个临界点，所有都准备就绪后，时间会自行解决好一切。从那时起，更重要的就变为做好管理维护，以免厄运入侵。"

许多"超级蚂蚁"也提到过类似的故事。在刚开始投资股票时，他们中间还有人看着报纸上的股市行情盲选股票。不过，他们与其他人的不同之处在于承认自己有好运相伴，进而更加努力地钻研股票。他们中

---

[1] 证券市场中交易当天股价的最高限度称为"涨停板"，涨停板时的股价叫涨停板价。——译者注

有为了潜心研究股票而闭关两年的人,也有直到凌晨4点还在把2000个股票代码一一铭记于心,并逐一进行分析的人。

综上可知,当好运来临时,不要误认为那是自身实力,而是要通过加倍努力把好运转化为自身实力。归根结底,唯有承认最初降临的好运是自身运气使然时,才能培养出更强大的实力,进而获得真正的成功。

第三,不相信"运气好"这句话的人是还未享受过成功之人。这是某位十分成功的企业家对我说的话,多亏了他的这番话,我的想法才得以转变。

"有些人认为,成功人士说自己'运气好'仅为自谦之词。那样的人都是还未成功之人。他们不相信'运气好'这句话,并认为拥有强大能力的人总是在故作谦虚。但成功人士都知道'运气好'绝非虚假之词。每当成功人士提到运气时,我就会觉得'这个人才是真正成功之人,有成功的资格'。因为我清楚地明白这一事实,那就是若无运气起作用,他们绝对无法大获成功。

"几乎没有人会认为成功是源于自身优秀。把自己所拥有的一切都说成靠自身努力的一类人,不是彻头彻尾的骗子,就是还未成功之人。仅凭我个人经历就可知,越是成功就越离不开'运气'一词。

"比方说,两个项目中必须选一个,你苦恼之后选择了A项目,结果进展顺利,财源滚滚。相反,假设选择了B项目,则有可能全军覆没。'运气好'适用于包括艺术、运动在内的所有领域,在选择哪所大学、选择跟谁学等大大小小的选择中,都有运气在起作用。凡是成功人士都这样想:'要是当初我做出另一选择,就不会有今天的美好生活了。'每位成功人士都不会否认运气的力量。"

愿你能将此话牢记于心：越是成功之人，就越相信运气；越是失败之人，就越否认运气。简而言之，唯有承认运气力量之人，才会拥有善用运气的能力。

幸运藏于不幸之中

生活中，我们屡屡犯错，并为自己的过错道歉。一些公众人物，诸如商界人士、政客、艺人、网络大V等，对此更是习以为常。每当他们的错误行为激怒公众时，他们便会低头公开道歉。然而，在观看完他们所拍摄的道歉视频后，我发现能获得人们真心谅解的人实不多见。

一位我喜欢的YouTube时尚博主发布了自己制作衣服的视频。视频中，他为衣料的质地、针脚数、尺码而苦恼的样子，为制作高品质服装而努力的样子，都让观众感动不已，纷纷订购衣服。但后来才得知衣服原来是仿制品。随后，其他博主上传了打假视频，那位时尚博主的频道评论区被各种恶意留言霸屏。结果，博主上传了道歉视频，视频中却全是借口与辩解。我在观看道歉视频的同时，预感到博主还会上传其他道歉视频。果不其然，不久，他又上传了两条道歉视频，大众舆论依然在持续恶化，最后其频道不得不关闭评论。

这一事件中的最大问题便是反复否认与辩解使博主错过了最佳道歉时机，最后不得已而为之的道歉缺乏诚意，且难以令人信服。最终，博主在度过了3个月左右的"闭麦期"后回归YouTube，但似乎再难找回以往的人气了。

观看道歉视频时，我内心感到惋惜的是，这位博主怎么就那么不会道歉呢？危机管理专家说，当我们成为危机事件的当事人时，会因恐惧而不敢承认自己的错误。如此一来，拿出的只是为个人辩解的道歉信，结果又催生了新的危机，即所谓的"危机管理中的危机"。由此，我自然也认同"危机管理专家之所以可以对其他企业或他人的危机进行应对处理，是因为那些并非自己的危机"这一说法。

当然，我也从未想过这种事情竟然会发生在我的身上，而且就在我写这本书的过程中。当时我与一位嘉宾聊到了生物行业的股票。在 YouTube 频道上传的视频中，我们边看一家公司的业务报表边聊，嘉宾不小心把该企业的科研力量说成了该企业旗下子公司的科研力量，而对于生物医药企业来说，企业的科研人力是该企业的核心竞争力。这一不明确的投资信息可能会造成误导观众、混淆视听的后果。

问题其实比我想象的要严重得多。视频被上传到了那家公司的网络社区，恶意评论开始出现，其他 YouTube 频道也开始上传攻击我的视频，我频道里的 1000 多个视频被各种恶意评论所充斥。

我切切实实地体会到了危机管理专家所说的恐惧为何意。更可怕的是，仅在一天之间，我的风评便出现逆转。我有生以来第一次承受 1000 多人"一边倒"式的诋毁。当我双脚颤抖，不知如何是好时，无数想法在我的脑海中闪过。

"到目前为止上传的 1000 多个视频中，就只有这么一个错误，那些人是不是太过分了？"

"视频是在周末上传的，对股市根本无任何影响。"

"嘉宾怎么会出现这种错误的认识呢？"

我一开始也想过用以上借口为自己辩解，但坐下来仔细一想，这既是嘉宾的错误，也是我自己的错误。身为视频的策划者和最终责任人，我在录制期间及后期加工剪辑的过程中均未发现这一错误。作为应对措施，我删除了这条视频中存在的错误部分并用置顶评论的形式纠正错误后，联系并告知嘉宾须跟我一起拍摄道歉视频。第二天中午我们一拍完，就马上把道歉视频上传到 YouTube 频道。令人惊讶的是，在短短的一天内，观看次数竟高达 20 万，收到了 2000 多条善意评论。

其中有这样的评论："勇于承认自己的错误，并迅速改正的态度，更值得人信赖。"

网友们没有出言讥讽，反而给我加油打气。其实，那条道歉视频并无特别之处，我只是毫无掩饰地如实说出了自己的错误，然后便是从头至尾、始终如一地向观众道歉并请求谅解，同时承诺今后绝不会出现类似事件，将竭力做到尽善尽美。

那时我领悟到能够如实承认自己的错误并请求谅解，人们反而会更容易接受并支持我。要是那时的我在道歉过程中说出"我的错误也情有可原"这类话，并想尽办法为自己开脱，又会是怎样一个局面？这本书是否就会被我放弃出版了呢？

我们都会在无意中犯错，尤其是在如今这个社交媒体时代，错误必然很快就会被曝光。在这个危机管理变得极为重要的世界，当我们成为危机事件的当事人，会因恐惧而难以判断形势，内心煎熬不已。然而，我们必须清楚地认识并承认自己的失误和错误。没有人会一直对承认自己错误并请求宽恕的人落井下石。危急时刻,重要的也许并不是事件本身,而是我们对待事件的态度,不是吗?

积极

第六章

No. 6

Lucky

纵然身陷最凄惨的沟壑，
依须坚守之物

✦

Google搜索引擎页面有"谷歌搜索"和"手气不错"[1]两个按键,
你对此了解吗?
当你点击"手气不错"时,会发生什么?
它会直接跳转到通过关键词搜索排行第一的网站。
愿这本书也能扮演与之类似的角色。
"我今天运气还不错,要不读读这本书吧。"
那么,你心之向往的第一个地方,
将由这本书来指引你到达。

---

1 I'm Feeling Lucky 插件,是一款针对谷歌浏览器地址栏的快速搜索工具,中文翻译为"手气不错"。它可以帮助我们在地址栏中快速启用谷歌的"I'm feeling lucky"搜索功能,而无需打开一个新的页面进行搜索,大大节省了人们使用谷歌搜索引擎的查询时间。——译者注

告别自卑心理与被害妄想症后所能得到的

我常跟来"金作家TV"频道做客的嘉宾在访谈拍摄结束后一同就餐。一天,在岛山大路的一家高档中餐厅,我与股票投资界三位极负盛名的大佬共进晚餐。一位是管理巨额资产的某公司代表,另一位是在价值投资领域号称"大咖"的某投资咨询公司的代表,还有一位是赚钱赚得盆满钵满的全职投资者。

餐桌上连名字都是第一次听说的各种美食应有尽有,再配上几杯高粱酒,众人谈天说地,笑语连连。我们从各自的日常生活聊到YouTube,天南地北,高谈阔论。三位股票投资大佬同坐一桌,当然也少不了聊股票市场。他们很自然地分享各自现在所持的股票或感兴趣的股票。问题便随之而来——他们都拥有20年以上的投资经验和强大的个人能力,而我却是仅学习一年多的投资界"小白",他们的交谈内容让我不知所云。

韩国综合股价指数和科斯达克的上市股票约有2400只,我自然不可能全都了如指掌。尤其是聊到某只具体股票时,我似乎就真的变成了一张白纸,对此一无所知。

在邀请投资专家录制访谈视频时,我会提前做好充分准备,做好采访问卷。再加上主要是进行一对一访谈，即便对方是专家，也会尽力配合作为主持人的我。我还会根据观众水平来调整问答的难易度。可那天在一起就餐时，嘉宾并不需要配合什么，以至于让我多少显得有点格格不入。他们聊着我根本就听不懂的公司信息、闻所未闻的专业术语，那种感觉就像是一群人在用外语交流，而置身其中的我就像是傻子一样。

为了避免引起不必要的误解，我在这里重申一下，当时他们的确无任何失礼之处。因为投资大佬不可能让所有交谈内容的难易度都与我的水平相匹配，或许是他们以为自己在访谈时认识的金作家做足了准备，具备一定的投资实力。但事实却是那天我并未进行任何事前准备。我录制访谈时的伪装面具被完全撕下。

当我开始觉得略显尴尬时，这种想法油然而生："有多少投资者想坐到这个位置来，有多少投资者想坐到这来仅当个倾听者？实际上，这个位置并不是我该坐的。幸运的是，我以运营理财类 YouTube 频道为由，以采访过他们为由，又以访谈比较成功为由，获得与他们同坐一席用餐的机会。"

于是，我聚精会神地倾听他们的交谈内容。我渐渐察觉到投资高手们的共同点，发现他们居然购入了相同的股票，自身的想法亦随之改变。我想："尽管今天我只听懂了 30%，不过下次如果还有这样的机会，得听懂 50%，要把它变成增强自身投资实力的一次好机会才行。"

然后，充斥着我内心的所有自卑心理和被害妄想症消失殆尽。幸亏当时我最大限度地放下了那一瞬间的低落情绪。几个月后再与他们一同进餐时,我比之前更能理解他们之间的交谈内容。(托几位大佬的福,我回去研究了他们告知我的几只股票,并最终获得了实际投资回报。)

回顾以往,我年轻时也常出现类似情况。20多岁时,我偶然遇到了好久未见的高中好友,我们边喝酒边聊各种话题,也聊到了英语成绩。一位毕业于首尔某名牌大学的朋友初、高中就有留美经历,托业考了满分;另一位就读于某地方公立大学、正准备申请研究生的朋友托业成绩也过了900分,而我却从未参加过托业考试。

一听到朋友们的英语成绩,我就开始头昏脑涨。本以为他们跟我一样是没把心思放在学习上的"玩咖",直到那时,我才意识到原来我们所处的位置早已发生了质变,以至于我后来有一两年的时间再无颜见那几位朋友。这其中虽有我自惭形秽的成分存在,更大的原因则在于我的自卑心理和被害妄想症。其实,大家都是好朋友,我完全可以向他们请教怎么学习英语、该看哪些英语教材,从而得到他们的帮助,但我反而在他们联系我时,以忙为借口竭力避免二次见面。

时间流逝,再回顾当初,我发现与投资大佬们同坐一席的尴尬跟那时与高中好友同桌喝酒时的情形一模一样。实际上,无论何种场合都有值得自己学习和收获的东西。然而,随着我对自身所处环境的看法及态度的不同,某些社交场合的座位变成了我竭力避开之位,而某些社交场合的座位则变成了我竭力争取之位。

你一定也会有许多值得你坐下来好好学习的社交场合。从某一社交场合的座位上愤然离开,并不是因为对某人持有偏见,很可能是因为由我们的误解产生的被害妄想和自卑心理。为了那一瞬间爆发出的自我情感而离开虽情有可原,但你应铭记于心的是:从你离开座位的那一刻起,你必须放下你有可能获得的一切。因此,我想问你一个问题:如果有一个能让你学到更多知识,却会让你感到不自在的社交场合,你能否不畏缩、不逃避,一直坚守自己的位置呢?

幸运笔记

告别自卑心理的理由？

● 如果你的人生中曾出现过令你感到自卑的瞬间,请回想一下。

※ 请坦率地写出产生自卑心理的理由,并思考为了告别这种心理你应做的事。

序号	感到自卑的瞬间	产生自卑心理的理由	为了告别自卑心理应做的事
1			① ② ③
2			① ② ③
3			① ② ③

连最大的不幸都能战胜的力量

让我这个曾经没什么好运气的人来写一本关于运气的书,着实令人有点难为情。其实,比起没什么好运气,显然我不走运的情况更多。对于二三十岁的人而言,上大学、就业、结婚这些人生大事,我要么比别人晚,要么就是尚未解决。

对于学习成绩差的我来说,几乎没什么可上的四年制大学,于是,我报考了两年制专科学校。24岁服完兵役的我重新参加了高考,考进了一所地方私立大学。大学毕业后很快就找到工作了吗?回首一年半的求职历程,我在做了三次实习生和一次合同制员工后,才得以成为正式职员。那时的我已经30多岁了。此外,尽管还遇到过种种难题,但每次我都能以一种"视角"和一种"判断"来克服危机并继续前行。

这里先给出答案:一种"视角"是在"积极和消极"中选择"积极";一种"判断"是要分辨出"我做到的和做不到的"。正是靠它们,我告别了因外貌和学历而产生的自卑心理。然而,在我人生的不幸之外,还另有真正的不幸。当一个人不幸到积极心态起不到丝毫作用,甚至无法判断自我能力时,能做的还有什么?

虽难于启齿,但我仍想在此向大家讲述一下我们家所遭受的不幸。

我父亲原本在一家体面的大企业工作，40岁时突然被公司以所谓的"名誉退休"而提早劝退。自那以后，他便成天无所事事、得过且过，吃喝玩乐，把家里的钱都花光了，迫不得已当上了出租车司机。父亲为了一个月挣200万韩元，每天都开整整15个小时的车。对于开了20多年出租车的父亲来说，开出租车不是随着他年龄增长而拥有的兴趣或爱好，只是一种生存手段而已。

我唯一的兄弟——我的亲哥哥，患有抑郁症已经10多年了，曾试图自杀。不幸中的万幸，他活了下来，可目睹了整个过程的家人所承受的痛苦却是无法言喻的。母亲因常年照顾患有抑郁症的哥哥，最后也患上了抑郁症，结果以一种极端的方式离开了这个世界。这一切是我无法承受的巨大悲剧，因此，我也患上了抑郁症。

在漆黑的房间里，我抬头仰望天花板，各种负面想法从四面八方汹涌袭来。据说较之一般人群，自杀者的家属患抑郁症的风险要高得多。实际上，《美国医学会杂志·精神病学期刊》(JAMA Psychiatry)[1]上已有研究论文得出过结论。匹兹堡大学医学中心对患有抑郁症等情绪障碍症[2]的334名父母和他们的700余名子女进行了调查，研究结果显示，若父母曾有过自杀行为，其子女自杀的可能性是无自杀行为的父母所生子女的5倍。简而言之，父母的自杀行为是点燃子女自杀行为的导火索。

---

[1]《美国医学会杂志·精神病学期刊》(JAMA Psychiatry) 是精神病学领域的国际权威、核心期刊。——译者注

[2] 情绪障碍症实际上是一组疾病，包括抑郁障碍、双相障碍，广义的还包括焦虑谱系障碍。——译者注

我的内心被恐惧所包围。亲哥哥曾试图自杀,母亲也因同样的痛苦而离开了人世。当我发现自己也被那个折磨过母亲和哥哥的名叫"抑郁症"的家伙缠绕时,内心绝望不已。到了这个地步,难道还不能说我的不幸程度已达到常人"难以企及之高度"吗?抑郁症多源于我们无法掌握之事,除非连根拔起,否则只能束手就擒。

当我变得愈加软弱疲惫时,病情也日趋严重。深入骨髓之痛虽让人无法正常思考,我却每天都在思考为了活下来该如何战胜这一疾病。于是,我开始一点点地有了解决思路。我的抑郁症根源是身边发生了不愿接受,也不想接受之事。因而我清楚地意识到,首先要试着接受发生在我们家庭中的不幸。尽管以积极心态去坦然面对仍不太可能,可对于自己无力改变的家庭现状和母亲的离世,我必须以某种方式去试着接受。

就这样,在接受了我们家庭遭遇的不幸之后,我也承认自己是不幸的,并开始抚慰自己千疮百孔的心。从消极否定的泥沼中勉强走出来的我,下一步就是要判断自己能做什么。我的首要任务就是使因工作性质而不稳定的收入稳定下来,以免再次陷入焦虑与抑郁之中,我得找到使自己全身心投入的东西。为此,自己必须行动起来,我最恐惧的就是变成无事想做的人。因为纵然时光流逝,若一切依然未有任何改变,这便意味着无法走出抑郁症这一泥沼。

我开始吃医生开的处方药,接受心理治疗。由于之前宅在家里的时间太长,打起精神后我就决定去一家环境不错的咖啡厅工作。每天都在阳光下散步,跟身边的朋友见面,向他们诉说我的痛苦;最重要的是,开始接触YouTube个人频道运营这一全新领域,认识了新朋友,全身心地投入我应尽之事中；除此之外我还换了新车，为了搬家联系了房地产中介。只要是能让我的病情有所好转的，不管是什么，能改变的都改变了。

从精神科医生说第一次见到这么努力的病人便可知，我摆脱抑郁症的渴望有多么强烈。但那时的我依然认为，自己所有的努力很可能会全部付之东流。由此可见，人想要战胜抑郁症绝非易事。只是说不容易，不是说完全没有可能。最终，坚持不懈的努力让我逐渐从抑郁症中走了出来，也对如何摆脱抑郁症有了一定的认识。

生平第一次坠入抑郁深海的我，惊恐不已，唯有挣扎求生。不会游泳，在不知深浅的海洋中挣扎求生，我越是努力，越是坠入海底深渊。客观冷静地说，抑郁症并不容易治愈。当有抑郁症状出现时，通常意味着你自身无法驾驭的问题已经出现。即便你未到如我那般悲惨的境遇，但你若经历突然被解雇或遇到经济困难等自身无法避免的不幸时，一个名为"抑郁症"的家伙就会乘虚而入，盘卧于你脆弱的心灵之上。

面对如此巨大之不幸，最重要的便是接受"这是无法轻易解决的事"这一事实。换言之，你要学会习惯当下所处境遇和情绪状态。难是难，不过应将其视为在某段旅程中与自己同行的伙伴。然后，应留出时间静静等待，等待伤口涓涓流出的血渐渐被止住、结痂、愈合，然后疤痕消退。越不愿承认，越不愿接受，越想竭力摆脱，就越会坠入无尽深渊。

当试着逐渐接受忧郁情感与自己的不幸时，你就会渐渐意识到自己能做些什么。关键是要把你无法驾驭之事放置一边，寻找你力所能及之事并付诸行动。如果像这样试着与自己和解，平心静气地将视线转移至他处,在某一瞬间,你会猛然发现沐浴着温暖阳光在水中嬉戏的自己。

每个人在生活中都会遭遇挫折,只是程度有所不同罢了。愿我鼓起莫大勇气才能道出的那些故事对你有所帮助。当你遭遇挫折时,要积极去面对;无法积极面对时,至少得承认,然后判断自己做得到的是什么。

在经历一番风雨之后,我们能战胜不幸。我亦深知为此付出努力会有多少痛彻心扉的瞬间,真心祈愿:纵然身陷最凄惨的沟壑,你仍有"绳锯木断,水滴石穿"的勇气。

幸运笔记

摆脱你生活中的不幸

● 请写下你在生活中遭遇过的最大的不幸之事。

※ 请写下为了摆脱不幸,你做得到和做不到的事,并用笔划掉那些做不到的事情。

序号	不幸之事	做得到的	做不到的
1		① ② ③	① ② ③
2		① ② ③	① ② ③
3		① ② ③	① ② ③

挥别旧习，从容思考

职业原因让我能结识许多凭借股票投资获得巨额财富的"超级蚂蚁"。当我请教他们如何学习股票投资相关知识时，他们不约而同地有着一致的看法。

"教对股票已有一定程度了解的人并非易事。原因在于投资者本人已养成了个人交易习惯。与其教这类人，还不如教那些对股票一无所知的人。"

关于此看法，我亦举双手赞成。有不少 YouTube 频道的博主询问我增加订阅人数和观看量的方法。由于我也曾经历过同样的阶段，于是，我会详细地告诉他们应如何选择封面、标题，以及最好制作什么样的视频。尽管我花了大量时间和心血与他们分享，可将其实践于自己频道的博主却寥寥无几。他们中的大多数竟做出了令我百思不得其解的回复。

"啊，封面和标题确实不错，不过这好像不是我想要的风格。"

"时间不够，像您那样剪辑有些困难。"

"如果照您说的去做，那不就是在做跟别人一样的东西吗？"

实际上，这是一个没有正解的问题。可即便如此，拥有 180 万订阅者的博主再怎么不济，也比仅 1 万名订阅者的博主经验多些吧？同时，关于提高成功概率的方法，也掌握得更多吧？数字是不会说谎的。再补充说明一点，为了拥有独创的 YouTube 成功方程式，我付出了不懈的努力。

通过采访 23 位 YouTube 顶级博主，我出版了名为《YouTube 的年轻富人们》一书，并两次获得了 YouTube 颁发的相关奖项。我还曾担任过 YouTube 相关课程的讲师，以及在职业技术学院担任外聘教授，开设过 YouTube 视频制作相关课程；与此同时，我会经常参加 YouTube 相关研讨会，并与谷歌负责 YouTube 的经理和多频道网络负责人定期召开会议。在这些经历中，最重要的是由我亲自运营的 YouTube 频道拥有 180 万订阅者。

然而，许多人却固执己见，对 3 年来专攻 YouTube 不辍的我所给出的意见不予理会，固守自己的方式。这源于他们已形成了先入为主的思维模式。一个有趣的事实是，每当我发现封面和标题相关内容未得到意料之中的反馈时，就会主动去询问身边的观众，寻找修改方向。我始终认为自己的方法并不是唯一正解，要是陷入唯我独尊的想法，频道最终会土崩瓦解。

对于那些不接受我建议之人，我再也没有为其提过什么建议。我没有理由向根本体会不到我故事价值的人继续分享。连只有短短 3 年经历的我都产生了如此感受，那些有着十几年经历的"超级蚂蚁"则更加不言而喻了。

我曾 7 年保持着相同的发型，即刘海稍长，两边稍短的莫西干发型。个人认为这是最适合自己的风格，所以几年来一直保持着。直到有一天，某位理发师建议我可以改变一下发型。我一开始并未在意理发师的话，可连续几个月反复听着同样的话，让我产生了"就算不适合，反正头发很快就能长出来"的想法，从而听从了理发师的建议。我剪完头发再照镜子的时候，头发比想象中的还要短，感觉就像是剪短了头发的备考生。

我当时心想："哎，还不如不剪。"然后，我询问了一下网友们的意见。

大部分网友的回复是"现在的发型风格更清爽、更干练""看起来年轻多了"。在100多条评论中，没有一条说以前的风格更好。那时，我就明白了一个事实：我只是习惯了之前的发型而已，现在新换的发型其实更好，只是在我眼中显得不自然罢了。

我们生活中是否也有类似的事情？现在你所固守的方式或许并不是最佳的，只是你习惯了而已。每当你害怕去尝试某种新事物时，请记住：被剪掉的头发会随着时间的推移而重新长出，所以千万别害怕，世间大多数事情都有重新来过的机会。

"塞翁失马,焉知非福"和"尽人事,听天命"

"塞翁失马,焉知非福"是我们生活中耳熟能详的经典语录之一,即吉凶祸福变幻莫测,事先无法预测。事实上,"祸兮福所倚,福兮祸所伏"贯穿于我们整个人生。一言以蔽之,成功的人生或许就取决于将祸化为福的本领。既然如此,将祸化为福的关键是什么?就是积极的心态。对此,一位企业家曾对我说过这样一段话:

"亚洲金融危机爆发时,我父亲的公司破产了,我也因此家道中落。但我认为这反而给我创造了好运。家徒四壁的经济状况让我从小就开始思考该如何生存下来、如何承担起家庭重任。后来,17岁的我只身来到首尔工作,一直走到今天,我一直确信,那时若我们家一如往常,我仍衣食无忧的话,绝不会有今天的我。家境贫寒是我所拥有的最大幸运。"

我还遇到过一位有类似想法的投资者,他说了下面这些话:

"我毕业于韩国科学技术院,成绩优异的学生今后的人生道路均有迹可循,约三分之一的人通过攻读博士学位深造,后来成为教授,还有一部分人进入大企业附属的研究所。我那时没怎么学习,故出发点与其他朋友毫无可比性。我进入一家小公司,担任软件工程师,职业生涯由此开启。现在回想起来,当时的这一选择对我来说,就可用'塞翁失马,焉知非福'来形容。现在我们已年过五旬，在大企业附属研究所工作的朋友都在为'过不了多久就要从公司退休，今后靠什么过日子？'而愁眉不展。

"他们的这种担忧，我萌生得更早。因为比起他们，我的处境更糟糕，'今后靠什么过日子？'这种担忧在更年轻时就已萌生，我将其作为激励自我前进的动力，就这样一直走到了今天。诚然，人都在当时做出了自认为最佳的选择，然而，随着时间的流逝，那时正确的结论不一定适用于现在。正因为人生永远不会按照自己的计划按部就班地进行，人们才说运气至关重要。"

我自己的情况也与上面这两位朋友的相差无几。刚开始我也认为考上地方大学真是不走运。但随着自身想法的改变，最后竟也印证了"塞翁失马，焉知非福"这句话。如果我通过自己的努力在这里成为第一名，反而更能使自己脱颖而出。事实上，学生时代我不仅17次在大赛中获奖，校内丰富多样的活动同样令我获益匪浅。相反，假如上的不是地方大学，我无法一枝独秀。在我就读的学校里，像我这样的人屈指可数，可在名牌大学里，少则数十个，多则上百个。

综上可知，单看表面似乎是件坏事，最终结果却因人的行动而异，坏运气随时都有可能转化为好运气。换言之，无论身处何等悲惨、艰苦、不幸的境遇中，终能将其转化为好运，关键取决于你下了多大的决心和如何利用自身所处状况。正因如此，我们才需要培养自己不论身陷何种境遇，都能以"我运气很好"这一积极心态去思考的习惯。

消极思维会加重紧张感，阻碍理性判断。反之，积极思维则会带来理性判断和其他机会。最不可取的就是抱有"我运气差,不走运,所以注定一事无成"这种想法。"塞翁失马,焉知非福"告诉我们,任何坏事都有可能变成好事。我们要想变得比现在更好,积极心态是必不可少的。一个积极的想法能敲醒沉睡于我们体内的好运。

此外,还有句跟"塞翁失马,焉知非福"一样几乎众人皆知的话,那便是"尽人事,听天命"。后面这句话的意思是尽一切人力去做,可成功与否还得顺从天意。这就意味着我们更应重视并拥有积极的心态。关于这一点,一位企业家向我讲述了这样一个故事。

"我身边有一位经营彩票的好友才是真正的幸运儿,他就是韩国乐透服务的南基泰代表。他一直经营'即开型彩票'[1],所以能够拿到'乐透型彩票'[2]项目的经营权,但'乐透'项目也不是一开始就一帆风顺的。由于人们不怎么买'乐透'彩票,他走到破产边缘,当时情况危急到现有资金只允许公司再运行一周了。可是,好运突然如奇迹般发生——'乐透'热潮席卷而来。若是听他的故事,难以区分究竟靠的是好运气,还是个人的努力。

"当时的他为了让公司起死回生,搞了一次免费领取'乐透'的活动,但'乐透'热潮背后却另有真相。由于一等奖迟迟未现,奖金飙升至130亿韩元,并登上了新闻头条。人们由此开始关注'乐透','乐

---

[1] 即开型彩票是指购买者在购票后立即就可了解其中奖与否,并可当即兑奖。——译者注

[2] 乐透型彩票就是以序数方式为竞猜对象的彩票,只要求所选号码与中奖号码相同即可,号码无先后顺序之分。——译者注

透'热潮由此掀起。这位好友的成功秘诀是什么？是因为让人们免费领取'乐透'，还是因为拿到了'乐透型彩票'项目，抑或是因为一等奖迟迟未现？究竟哪些属于运气，哪些属于努力，哪些属于实力，根本无从得知。人生本来就是一个难以估测的复杂系统。

"我们公司高管之间最常说的话就是'尽人事，听天命'。在尝试做某件事时，没有什么话能比它更管用了。尽一切人力之所能，成功与否则等待天意。若是付出多少努力，就会得到多少回报，我会感谢上苍。即使未得偿所愿，我也不会灰心沮丧，而是竭力去谋求下一个机会。在人际交往中，我也会不由自主地更倾心于那些感谢好运降临之人。"

正如这位企业家所言，我们只需尽最大努力做好分内之事便可。时间流逝，好运会悄然而至。若好运降临到我们身上，我们则只需感谢即可；若好运未到，我们则只需继续努力，直到好运降临；无论好运到来与否，我们都只需以谦逊的姿态等待它即可。对此，2016年里约奥运会国家射箭队文亨哲总教练曾对我说过一段话。

"运动员都知道射箭项目韩国队的实力世界最强。可是比赛当天也可能出现运气不济的情况，可能是天气不好，也可能是运动员状态不佳。运动员也会因此而感到不安，担心不已。那时我总会告诉他们：'我既非宗教人士，也不信任何神灵。但我相信运气也是实力，所以不必惧怕。你们要是因努力不足、训练偷懒而惧怕，那么情有可原。若你们已竭尽所能，老天爷也会站在你们这边。有多少努力，就有多少运气，勇敢大胆地投入比赛之中吧！'"

韩国国家射箭队在里约奥运会上首次包揽了该项目个人和团体的

所有金牌（女子个人赛、女子团体赛、男子个人赛、男子团体赛）。韩国射箭队的强大实力尽管配得上"韩国射箭定不负所望，输的话就是叛徒"这一赞誉，可一举囊括一个项目的所有金牌这一殊荣依然令人难以置信。正如文亨哲总教练所说，已付出自己最大努力之人，老天爷难道不会给予其更多的东西吗？只要你足够努力，幸运不就会自然而然地降临了吗？我们固然无法掌控结果，然而，在整个过程中是否努力却完全取决于我们自己。我们所要做的就是拼尽所能，把最终决定权交给老天爷，然后谦逊等待便可。"尽人事，知天命"的心态必会给你所做之事带来更多的幸运。

尝试

第七章

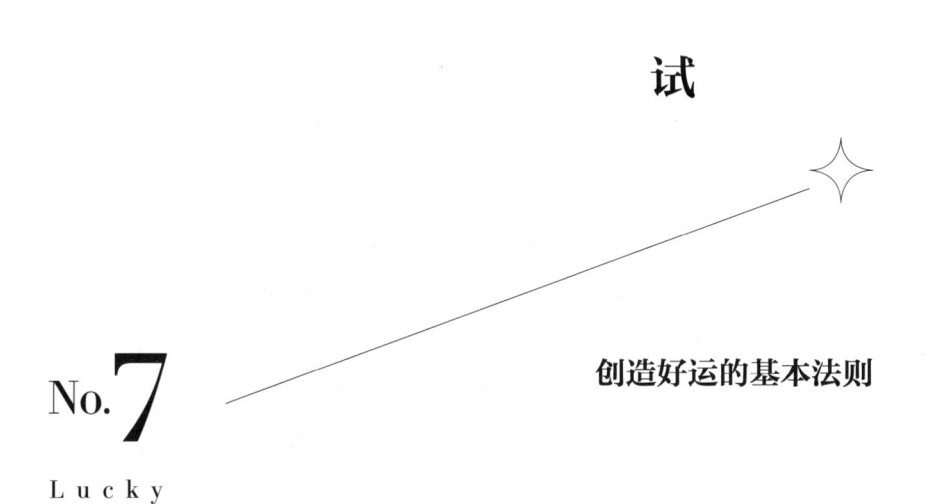

No.7
Lucky

创造好运的基本法则

✦

好运是主动降临在你身上的,还是你主动去寻觅的?
不往地里播种,
苹果树与葡萄树怎能茁壮成长?
唯有播种才会迎来天降雨水、春风拂面,
才会迎来美味的苹果与满枝的葡萄,不是吗?
为了寻觅好运,我们最起码要做到——
提前修整好上苍为我们撒下好运之种时所需的田垄。

一切只不过是行动为先

无论做何事，在起步之初，比起激动，我更多的是感到惧怕。惧怕和担忧会束缚住我们的手脚，使我们面对想要挑战之事时犹豫不决。实际上，年轻时的我们并非如此。那时虽也是生平第一次尝试，比起惧怕，更多的是激动。

然而，随着年龄的增长，我们经历世事——往往失败的多，成功的少，我们渐渐明白在这个世界上生存下来绝非易事。也正因如此，满怀激动之心去尝试各种挑战，唯有在"无知者无畏"的青年时代才足以成为可能。到如今，面对新的挑战，我们踟蹰不前，甚至望而却步。

25岁时的我，手中仅有学生证和驾照。白天混迹于网吧和KTV，晚上则靠跟朋友喝酒来打发时间。那时的我就是个一无所长的不良学生。可有一天，我偶然看到了由保健福祉家族部[1]举办的比赛活动海报，于是，我人生中的首次挑战就在因第一次尝试而产生的惧怕中开启了。

我们团队由6个学生组成，刚开始时简直是一团乱。首先，包括我在内的所有成员均是第一次准备比赛，没有一个人知道计划书该怎么

---

[1] 保健福祉家族部是韩国政府的工作机构，主要职能是管理与健康、社会福利、劳工、住房和妇女相关的事务。——译者注

写。尽管如此,为了这场比赛,我们仍废寝忘食地整整准备了5个月,奇迹亦随之诞生。在550:1的激烈比赛中,我们突围而出,排名全国第一,获得了保健福祉家族部"部长奖",还赢得了"寻访日本"的额外奖励。当生平第一次坐在日本的小酒馆里喝当地清酒的时候,我心想:"这真是我们做到的吗?"更令人难以置信的是,后来直到大学毕业那天,我一共在17次大赛中获奖,并最终以"韩国人才奖"获奖者的身份荣获"总统奖"。一切只不过是行动为先。

大学毕业后,31岁的我想出书。当时我从未出版过书,也不知道该如何写书,更不知道该如何敲开出版社的大门。即便如此,我仍提笔写了,然后继续无畏地与这个世界碰撞,就这样度过了9年岁月。令人惊讶的是,现在的我已成为出版过7本畅销书的作家。一切只不过是行动为先。

38岁时作为作家的我开始有了危机感。人们不再偏爱纸质阅读,时代正从纸质文本走向影像世界。2018年10月29日,我在YouTube个人频道上传了第一条视频,至今我仍清楚地记得那一天。当时的我十分担心运营YouTube个人频道是否会毁掉自己的作家生涯,同时也因对拍摄、剪辑的相关内容一窍不通而几天几夜无法入睡,最后由于不堪重负,全身肌肉都有刺痛感。从文字作家转变为视频创作者是一个异常艰辛的过程,就跟从销售转为开发时的感受相似。坦白地说,那时的我内心恐惧不已,但仍然说干就干,立刻就展开了行动。这个说开始就开始的频道经过3年的发展,成了在YouTube理财类、自我提升类频道中稍有名气、拥有180万订阅者的"金作家TV"。一切只不过是行动为先。

在尝试参加比赛、出版图书、管理 YouTube 个人频道等一个又一个全新挑战的过程中，需要面对多少难关？尽管我全身心投入写作之中，尽管我雄心勃勃地准备并出版了书，却还是有无人问津的情况存在。尽管有的人运营 YouTube 个人频道仅 1 年就有 50 万、100 万订阅者，我的频道在开通 1 年后却只有 6 万订阅者。

每当遇到始料未及的逆境时，我都会拼尽全力凸显自己的与众不同，可一旦有人问我现在的一切是如何成就的，我的脑海里只闪过一句话：一切只不过是行动为先。

哪怕自己被恐惧围困，我也没有止步不前。这个世界也让刚起步的我尝到了一点点虽小但甜蜜的好运滋味。比起其他，最重要的是开始。只有开始了，才能让好运降临。从某种意义上说，这其实是一个毋庸置疑的真理。如果我陷入畏惧和无助之中，什么都不做的话，结果会怎样？如果我放弃参加比赛，认为自己绝不可能著书立说的话，结果会怎样？如果我只满足于现在手中的工作，不开通 YouTube 个人频道的话，结果会怎样？我会连测试自己运气的机会都没有，可能在某个地方过着与现在截然不同的人生。

如今的我站在新的挑战面前，依然会畏惧新的挑战。因为我明白失败的概率会更大，也明白最坏的情况就是可能会失去现有的一切。然而，我还是想先行动。我们在开始做某件事时，要是看到其领域的佼佼者也许会犹豫不决。可是，请记住一点：那个人在初次尝试时，也有可能是在摸着石头过河，并非胸有成竹之际才展开行动，而是为了探索前路才展开行动的。

简而言之，别管三七二十一，一切只不过以行动为先。

起点与终点一样重要

我偶尔会驾车探访其他城市的网红餐厅。哪怕是从未涉足之地，我也能放心大胆地出发。并不是我车开得有多好，而是导航仪能精确地找到目的地。

你有过这种疑问吗？就是我们开车时为什么能不迷路且顺利到达。要是被问到这个问题，大多数人会说是因为输入了目的地，这个回答只对了一半。在我们输入目的地之前，导航仪的GPS就已掌握了我们所在的具体位置，并自动定位了目的地。例如，把目的地设定为大田，要是出发地的定位不是自己所在的首尔麻浦区，而是江南区，那我们还能那么顺顺利利地到达大田吗？

你也许会觉得很突兀，怎么就说起导航仪了？其实，我想说的是，在我的人生中，我把遇到的人分为两类。一类是毫无目标、得过且过之人，另一类是胸怀目标、朝气蓬勃之人。生活本身并无好坏之分，然而，我内心的天平却更倾向努力生活之人，更想为其加油助威、欢呼喝彩。

如果你通过努力生活，拥有如律师、医生、会计师这种令社会大众羡慕的职业会因此而感到幸福吗？事实上，这根本就是风马牛不相及的两个问题。我周围毫无幸福感的成功人士不在少数，原因是什么呢？尽管他们把"成功"设定为终极目标，为了达到这一目标而努力生活，却从来没为"身处起点的自己，到底是何许人也"这一问题而苦恼过。

我在思索"我是谁"的同时，也算过生辰八字，做过职业适应性测试和MBTI性格测试等。令我郁闷的是，这些测试仅能勾勒出我的大概样子，并不能让我正确认识自己。它们并不是专门针对我个人的，而是将所有人进行了大致分类，因而无法会有任何具体的结果，更别说实质性建议了。

当时我的脑中忽然闪现出这一想法："好吧，那我就亲自来做个问卷调查，让周围的人来评价我，这是只为我一人而设的问卷调查。"首先，我选定了30个熟悉我、能对我进行客观评价的朋友。其次，制作出调查问卷。其中包括能测试出人际关系、自我管理、诚实度、创意性等12种能力的33道客观题，以及为了更深入了解自己的主观题，即写出我的优缺点，随后便进行了为期一个月的问卷调查。

据问卷调查结果显示，我最大的优点是"热情和永不放弃的挑战精神"。这一优点成了我在面对无数次失败仍能保持微笑、坦然分析问题的力量；成了我能再次迎难而上且最终获得胜利的坚强后盾。此外，最大的缺点是"当专注于一件事时，会拖延时间"。因此，为了合理分配时间，我制订了年日程表和月日程表，并养成了检查当天日程的习惯。正是通过一系列的努力，我变成能在自己规定的时间内顺利完成全部既定计划之人。

这次问卷调查对我的帮助是巨大的。它不仅可以让我客观地判定自身能力和指标，并且可以以让我了解人们对自己的主观看法。其中最有意义的便是"一个月寻找自己"这一过程。每天都有一个人接受问卷调查，之后我们自然会以其为话题来交流思想，一起聊聊内心深处的梦想与希望、价值观等。

事实上，与周围的人分享"自己最真实的故事"并非易事。但是，问卷调查这一辅助工具却能帮我每天用一个小时的时间剖析自己，多亏有了它，我才得以剖析自己最真实的一面。

我在10年后又进行了一次关于自己的问卷调查。令人惊讶的是，问卷调查的结果显示，12道客观题的分数相比之前均有所提高；主观题中写得更多的是优点，较之前缺点明显减少了。我认为，这一结果源于10年前就开始认识自己，故而现在的我才能做好自己喜欢和擅长的事情，并能更幸福地生活下去。将这一切变为可能的"功臣"就是"思索我是谁"这一起点。当起点变得明确时，在前往终点的整个旅程之中，这个世界赋予我更多的好运。

综上可知，为了实现我们的目标并获得幸福，我们首先必须要去认识自己。只有清楚了解自己，才能更准确地知晓自己应去哪里、怎么做才能到达目的地。既然如此，像为了达成目标而辛勤努力那样，也试着为了认识自己而辛勤努力。一个月的时间足矣。人往往能活过杖朝之年，花一个月的时间去寻找自己，也并不是一桩亏本的生意，不是吗？

幸运笔记

寻找你的优缺点并写一句评语

● 向三位了解你的朋友提下列问题,并听取他们的回答。

1. 我的优点是什么?	
①	
②	
③	

2. 我的缺点是什么?	
①	
②	
③	

3. 请用一句话来评价我这个人。	
①	
②	
③	

不买彩票则无中奖的可能

我曾询问过进行经济分析与展望的经济学家、写出多本畅销书的作家洪椿旭博士关于运气的问题。洪博士回答说,运气就跟买彩票一样。

"在我看来,幸运似乎最终都会降临到那些买彩票最多的人身上。有一个耳熟能详的故事。有一个人每天都向神祷告,却因生活潦倒想自杀,在自杀前他这样亵渎神:'我这么努力地祈求你的帮助,为什么还要死于穷困?'这时神现身了,他回答说:'我听到了你的祷告,知道你生活窘迫,一直在寻找机会去帮助你,你买过彩票吗?既然你想得到我的帮助,难道不该先做点什么,才能让我助你一臂之力吗?没买过彩票、没炒过股、没做过生意,这样的你,让我怎么帮?自己不努力反而诅咒我,气得我不离开都不行。'

"我真的十分喜欢这个故事。有很多人问我:'洪博士,我怎么总是诸事不顺呢?'每当这时,我都会给出'那是因为你下的功夫还不够''那是因为你做得还太少,得继续尝试做点什么'等这些建议。什么事情都不做,仅等着运气降临,这就跟妄想走在大街上就能捡到金子一样不切实际。这种态度肯定是错误的。人必须得做点事,才会有撞大运的可能。我也遇到过几次运气好到爆棚的时候,后来再回想起当时的情景,发现自己是因为努力去尝试了,努力去追寻了,努力去与人交往了,最终才得以享受好运爆棚之味。并不是我就在那儿干坐着,突然接到一通电话,人家对我说:'洪椿旭,你买的彩票中大奖了。'想要知道自己究竟有多少运气,首先要尝试去做各种各样的事情,与形形色色的人交往,这就跟必须不停地买彩票一样。"

对于洪博士的说法,我十分赞同。若想钓到鱼,首先要多次抛竿。只有多次尝试,才能让幸运或是不幸有可乘之机。倘若人一辈子都无所事事,宅在家里,躺在床上,那运气的可乘之机便会彻底消失不见。努力尝试各种挑战的人,与运气相遇的概率势必更大,因而人必须得做点什么。不买股票,财富绝不会自行增长;不推杆,球绝不会自行进洞。

2000年,软银集团[1]总裁孙正义[2]向一家成立仅一年的公司投资了约200亿韩元。那是一家只有约20名员工的小公司。然而,15年后,该公司在纽约证券交易所上市,企业市值达到174万亿韩元。作为最大股东的软银集团所持有的股份价值已飙升至59万亿韩元。这是一个史无前例的事件,回报值是初创期投资金额的3000倍。这便是众所周知的阿里巴巴的创始人马云花了6分钟时间,从被誉为拥有"迈

---

[1] 软银集团(SoftBank Group Corp),即软件银行集团,1981年由孙正义在日本创立,并于1994年在日本上市,是一家综合性的风险投资公司,主要致力于IT产业的投资,包括网络和电信。——译者注

[2] 孙正义,1957年8月11日生于日本,国际知名投资人。1981年创建软件银行集团。2020年4月6日,孙正义以1350亿元人民币的财富名列"胡润全球百强企业家"第50位。——译者注

达斯之手"[1]之称的孙正义总裁那里获得200亿韩元融资的轶事。新闻着重报道了他在短短的6分钟里判断出马云具有非比寻常的巨大潜力和洞察力,从而破天荒地做出了投入巨资的惊人之举。但我们需要真正明白的却是另一事实:孙正义总裁在位期间,为了遇到像马云这样的人,究竟见了多少形形色色的人?在与他会面的无数人中,不就只出了一个马云吗?这笔投资所给予的回报,还不足以补偿他此前所花去的那些时间吗?

孙正义总裁难道会说"知道我一天要开多少会吗?"这种话来大肆宣扬吗?因此这一轶事表面上看起来是他知人善任,运气极佳,可如果将像孙正义总裁这类成功人士的人生放大并仔细观察的话,便会发现他们在生活中都有过无数次抛竿的经历。为了让好运降临,在经历了无数次抛竿之后,他终于捕获了像阿里巴巴这样的"大鱼"。

我认识的那些已功成名就的首席执行官都是能少睡则少睡,晚上阅读,凌晨发邮件,一天开十几个会的人。他们一个人的生活节奏可以说是两个,甚至三个普通人的生活节奏。这就意味着他们把一个人只有一次的人生,过成了两次甚至是三次的人生。以此类推,他们的运气不也自然会比普通人多出两倍、三倍吗?人与运气相遇的概率不可避免地会跟尝试的次数成正比。因此,千万不要因为一两次的失败就轻言放弃,要多次尝试。你要相信尝试的次数跟运气到来的概率永远是成正比的。

---

[1] 迈达斯之手,又名"点金手",经迈达斯之手碰触的物体都会变成黄金。——译者注

挑战者无所畏惧的秘密

此前曾提到,尝试是影响运气的因素之一。既然如此,究竟是怎样的人,才会在即便明知有失败可能的情况下,依然努力去尝试?纵然前路漫漫不可知,依然无所畏惧地去挑战的是谁?关于这一问题,我想分享一位与我有同感的作家说过的话。

"其实,能遇到一对好父母才是最大的幸运。这并非单纯指父母拥有丰厚的财力,而是指他们在金钱之外,还能给予子女许多其他的东西。为了获得成功,我们在不断挑战时,需要耐力和毅力,它们从何而来?一个人若从小到大得到的是来自父母的'你不行,你再怎么努力也不行'这类消极性反馈,能拥有耐力和毅力吗?反之,若得到的大多是'你能行,我相信你'这类积极性反馈,他们怎会不迎难而上,勇于多次尝试呢?

"如果父母说:'即便跌倒,重新站起来就好,因为爸爸妈妈就在你身后,给你做坚强的后盾。累了就回来告诉我们,我们来帮你,你能做好的。'那么,就算失败了,经常听到父母这些话的孩子在长大后也能继续尝试各种挑战。像这样给予积极性反馈的父母,哪怕在子女失败时,也能给予其继续前进的动力;相反,给予消极性反馈的父母所能给予子女的,只能是将其推向失败者的行列罢了。

"从这个角度来看,我可以说是遇到了一对好父母。我妈妈总是对我说'你能行,妈妈相信你,妈妈会等着你'之类的话。同样,我也如法炮制地给予子女积极性反馈。我会努力亲近并鼓励反应稍显迟钝、慢热的孩子,努力与之保持亲密关系。我认为这才是父母给予孩子的最宝贵的东西。"

幼年从父母那里得到的关爱越多,人的情绪就越稳定。反之,幼年在缺少父母关爱的环境中长大的人,自我情绪不稳定的情况就越多。他们因害怕自己会受到伤害故而形成了防御性人格,并且较之他人更易产生自卑心理及被害妄想症。尽管只失败了一次,尽管再次挑战时成功的可能性极大,他们也会因惧怕而放弃。这源自他们早已习惯用消极方式来看待发生的一切。

倘若你没有遇到好父母的运气,那该怎么办?那就努力去跟那些能给予你积极性反馈、支持你的人交往,特别是选对将会陪伴自己一生的配偶,这一点尤为重要。事实上,因选对配偶而突然转运的大有人在,他们都是以积极性反馈来创造属于自己的好运之人。

我们虽无法选择自己的父母,但可以选择自己的配偶,同时,也可以选择是否给予子女积极性反馈。运气虽不是与生俱来的,但创造运气的能力却可以后天培养的。在这个名为"人生"的漫长马拉松中,关爱之心就是能让我们不知疲倦地竭力奔跑的力量源泉。所以,请你也成为能给予身边人关爱的那种人吧,因为你给予身边人的积极性反馈、温暖关爱、坚定支持,将会成为你所爱之人的最佳运气。

✦
当好运来临时，
希望你不会以为那单纯是靠你自己的实力，
而是将那些有可能导致好运溜走的不足之处，
用你自己的实力去补全。

——金度润

尾声

**犹如游刃有余的冲浪者,
等待浪潮来袭**

在本书即将收尾之际，为了整理这段时间的思绪，我抽空来了一趟江原道的襄阳郡。即使在埋头写书期间，我也不得不坚持录制 YouTube 的个人视频，其他工作会议亦从未间断过。几个月以来一直未曾享受过彻底属于自己的时间,故需要一些时间进行自我休整。

我想看海，便不假思索地来到了襄阳郡。不知从何时起，这里已变成了冲浪胜地。五花八门的冲浪板沿着沙滩呈一字形排开,海边站满了形形色色的冲浪者。我从未冲过浪，对冲浪毫无兴趣。然而，当我茫然凝视着浩瀚的大海时，海面上浮漾的人群映入眼帘。他们无一人划水，似乎都不约而同地在等待着什么。时间就这样一点点流逝。当发现远处的海浪开始缓缓移动时，人们便开始慢慢划水。等到海浪靠近的时候，他们的身体立刻借着冲浪板一跃而起。那一刻我猛然醒悟："我在这本书里想要表达的，原来就在那片海里。"

若无海浪，纵然是最厉害的冲浪者亦无法乘风破浪；若无此前积累的冲浪实力，纵然有适合冲浪的浪潮到来，亦无人可在海浪之中急流勇进。我亲眼见证了这一显而易见的事实：当同样的海浪来袭时，有摆出帅气姿势来乘风破浪之人，也有因准备不充分不久便坠入海中之人。

我们的人生不也是如此吗？如果说冲浪者需要浪潮，那我们就需要运气。没有运气的人生无法乘风破浪。对于那些毫无准备之人，即便运气到来想必也是一筹莫展。浮漾的冲浪者立于海面之上迎接浪潮，跟踌躇不安的我们在人生中等待运气降临又有何不同呢？

即便是冲浪者，也不会一年 365 天都出海冲浪。他们会通过应用软件，查看当天是否为适合出海的好日子,然后再根据定好的时间出海。

我们亦可如法炮制。我们通过查看各类数据来判断现在是否为你尝试的好时机，如果答案是肯定的，就要勇敢地走出去，挑战自己。诚然，冲浪者在出海后，也许会发现天气预报并不准，极端天气可能并不适合冲浪。在我们的人生中，同样会遇到这样的时候：自认为时机已成熟并为之付出了努力，但最终却空手而归，一无所获。

然而，越是如此，我们越不应沮丧，要在等待下一个浪潮的同时，竭尽所能地做好应尽之事，积蓄力量。毫无准备的挑战无异于自杀。无论冲浪者的技术有多娴熟，挑战超出自身能力的巨浪就是一种可能导致自己失去生命的冒险行为。同理，在我们的人生中，超出自身能力的巨大运气，反而有可能成为我们人生中的一个骗局或毁灭之源。

因而，我们等待运气其实就是在等待能与我们的能力相匹配的运气。如同风平浪静的海面终会迎来与之匹配的浪潮那般，我们的人生也一定会迎来与我们相匹配的运气。你只要为迎接运气做好充足准备，就能充分享受好运带来的美好滋味。之后，我们便只需在此基础上稳定好重心即可。让降临在你身上的好运经久不散的关键，除了保持平衡以外，别无其他。那么，看似令人畏惧的人生之海也会被温暖的阳光照亮。

最后想补充一点，为什么在海边放松身心，看着那些冲浪的人时，我会想到关于运气的最后一个故事呢？这是因为人的目标和关注点实在是太可怕了，以至于当注意力集中于某事物时，人体内的所有神经都会被调动，从而刺激五大感官。最终，你的目标和关注点将会引导你迈向自己向往的未来，愿你的未来之路好运满满。与此同时，我由衷地希望，这本书能在你创造属于自己的好运人生时，略尽绵薄之力。

致谢

致为我留出宝贵时间的每一位读者

"运气果真是与生俱来的吗?人自身无法创造运气吗?"

带着这一苦恼,我开始执笔写这本书。作为自我激励和自我提升方面的专业人士,我曾是一个努力至上主义者。那时的我认为运气和努力处于两个对立点,同时傲慢地认为,自己到目前取得的一切成就全靠自身努力。然而,随着年岁渐长,回顾过去,我才幡然醒悟:原来运气每时每刻都在发挥作用。所有的成功均源于我自身的努力兼运气,甚至连我这个人本身都是凭借无数人的运气才得以实现自我价值的。

刚到首尔的第一年,我住的地方是仅两三坪的韩国考试院[1]。都说空间造就人,生活在狭小空间里的我,觉得自己好像变成了井底之蛙,所以总是想方设法地想要从井底爬出来,而助我爬出井底的就是迄今为止采访过的那1000多位成功人士。多亏能与他们相遇,才成就了

---

[1] 韩国考试院的布局是韩国一个非常独特的住房形态。它是人们为了准备考试而刻苦学习、独自生活的地方。——译者注

今天的我。

  这本书中的每一句话都蕴藏着他们的人生故事。他们为我这个30多岁、一无所有的青年留出自己宝贵的时间，并且毫无保留地与我分享了自己的亲身经历和一些弥足珍贵的经验。他们的与人为善让我无比感激，在此我致以诚挚的感谢。与此同时，我坚信这本汇集无数成功人士宝贵时间的书，也必定能让你获益匪浅。

  虽然与这1000多位成功人士的相遇花了我10年时间，但是阅读这本汇集了他们成功秘诀的书，只需要一天中的几个小时。我真心希望在阅读这本书时，你能全身心地投入，并把这本书中所蕴藏的好运全部转化为自己的幸运。

人啊，认识你自己！